Hugues Gilbert

Systèmes d'équations différentielles et aux échelles de temps

Hugues Gilbert

Systèmes d'équations différentielles et aux échelles de temps

Établissement de théorèmes d'existence

Presses Académiques Francophones

Impressum / Mentions légales
Bibliografische Information der Deutschen Nationalbibliothek: Die Deutsche Nationalbibliothek verzeichnet diese Publikation in der Deutschen Nationalbibliografie; detaillierte bibliografische Daten sind im Internet über http://dnb.d-nb.de abrufbar.
Alle in diesem Buch genannten Marken und Produktnamen unterliegen warenzeichen-, marken- oder patentrechtlichem Schutz bzw. sind Warenzeichen oder eingetragene Warenzeichen der jeweiligen Inhaber. Die Wiedergabe von Marken, Produktnamen, Gebrauchsnamen, Handelsnamen, Warenbezeichnungen u.s.w. in diesem Werk berechtigt auch ohne besondere Kennzeichnung nicht zu der Annahme, dass solche Namen im Sinne der Warenzeichen- und Markenschutzgesetzgebung als frei zu betrachten wären und daher von jedermann benutzt werden dürften.

Information bibliographique publiée par la Deutsche Nationalbibliothek: La Deutsche Nationalbibliothek inscrit cette publication à la Deutsche Nationalbibliografie; des données bibliographiques détaillées sont disponibles sur internet à l'adresse http://dnb.d-nb.de.
Toutes marques et noms de produits mentionnés dans ce livre demeurent sous la protection des marques, des marques déposées et des brevets, et sont des marques ou des marques déposées de leurs détenteurs respectifs. L'utilisation des marques, noms de produits, noms communs, noms commerciaux, descriptions de produits, etc, même sans qu'ils soient mentionnés de façon particulière dans ce livre ne signifie en aucune façon que ces noms peuvent être utilisés sans restriction à l'égard de la législation pour la protection des marques et des marques déposées et pourraient donc être utilisés par quiconque.

Coverbild / Photo de couverture: www.ingimage.com

Verlag / Editeur:
Presses Académiques Francophones
ist ein Imprint der / est une marque déposée de
OmniScriptum GmbH & Co. KG
Heinrich-Böcking-Str. 6-8, 66121 Saarbrücken, Deutschland / Allemagne
Email: info@presses-academiques.com

Herstellung: siehe letzte Seite /
Impression: voir la dernière page
ISBN: 978-3-8381-4709-3

Zugl. / Agréé par: Montréal, Université de Montréal, Thèse de doctorat, 2009

Copyright / Droit d'auteur © 2014 OmniScriptum GmbH & Co. KG
Alle Rechte vorbehalten. / Tous droits réservés. Saarbrücken 2014

SOMMAIRE

Nous présentons dans cette thèse des théorèmes d'existence pour des systèmes d'équations différentielles non-linéaires d'ordre trois, pour des systèmes d'équations et d'inclusions aux échelles de temps non-linéaires d'ordre un et pour des systèmes d'équations aux échelles de temps non-linéaires d'ordre deux sous certaines conditions aux limites.

Dans le chapitre trois, nous introduirons une notion de tube-solution pour obtenir des théorèmes d'existence pour des systèmes d'équations différentielles du troisième ordre. Cette nouvelle notion généralise aux systèmes les notions de sous- et sur-solutions pour le problème aux limites de l'équation différentielle du troisième ordre étudiée dans [34]. Dans la dernière section de ce chapitre, nous traitons les systèmes d'ordre trois lorsque f est soumise à une condition de croissance de type Wintner-Nagumo. Pour admettre l'existence de solutions d'un tel système, nous aurons recours à la théorie des inclusions différentielles. Ce résultat d'existence généralise de diverses façons un théorème de Grossinho et Minhós [34].

Le chapitre suivant porte sur l'existence de solutions pour deux types de systèmes d'équations aux échelles de temps du premier ordre. Les résultats d'existence pour ces deux problèmes ont été obtenus grâce à des notions de tube-solution adaptées à ces systèmes. Le premier théorème généralise entre autre aux systèmes et à une échelle de temps quelconque, un résultat obtenu pour des équations aux différences finies par Mawhin et Bereanu [**9**]. Ce résultat permet également d'obtenir l'existence de solutions pour de nouveaux systèmes dont on ne pouvait obtenir l'existence en utilisant le résultat de Dai et Tisdell [**17**]. Le deuxième théorème de ce chapitre généralise quant à lui, sous certaines conditions, des résultats de [**60**]. Le chapitre cinq aborde un nouveau théorème d'existence pour un système d'inclusions aux échelles de temps du premier ordre. Selon nos recherches, aucun résultat avant celui-ci ne traitait de l'existence de solutions pour des systèmes d'inclusions de ce type. Ainsi, ce chapitre ouvre de nouvelles possibilités dans le domaine des inclusions aux échelles de temps. Notre résultat a été obtenu encore une fois à l'aide d'une hypothèse de tube-solution adaptée au problème.

Au chapitre six, nous traitons l'existence de solutions pour des systèmes d'équations aux échelles de temps d'ordre deux. Le premier théorème d'existence que nous obtenons généralise les résultats de [**36**] étant donné que l'hypothèse que ces auteurs utilisent pour faire la majoration a priori est un cas particulier de notre hypothèse de tube-solution pour ce type de systèmes. Notons également que notre définition de tube-solution généralise aux systèmes les notions de sous- et sur-solutions introduites pour les équations d'ordre deux par [**4**] et [**55**]. Ainsi, nous généralisons également des résultats obtenus pour des équations aux échelles de temps d'ordre deux. Finalement, nous proposons un nouveau résultat d'existence pour un système dont le membre droit des équations dépend de la Δ-dérivée de la fonction.

Mots clés :
Analyse non-linéaire, Systèmes d'équations différentielles, Systèmes d'équations aux échelles de temps, Majoration a priori des solutions.

TABLE DES MATIÈRES

Sommaire i

Introduction 1

    0.1. Systèmes d'équations différentielles d'ordre trois 2

    0.2. Équations aux échelles de temps 4

    0.3. Système d'équations aux échelles de temps du premier ordre 6

    0.4. Système d'inclusions aux échelles de temps du premier ordre 8

    0.5. Systèmes d'équations aux échelles de temps du deuxième ordre 8

Chapitre 1. Notations et préliminaires 13

    1.1. Notations et rappels 13

    1.2. Fonctions multivoques 16

    1.3. Degré de Leray-Schauder 18

Chapitre 2. Introduction aux équations aux échelles de temps *(time scales equations)* 21

    2.1. Terminologie 21

    2.2. Δ-dérivée 22

    2.3. Δ-mesure et Δ-intégration 25

2.4. Espaces de Sobolev 33

2.5. Fonction exponentielle 36

2.6. Unicité de solutions de problèmes classiques d'équations aux échelles de temps d'ordre deux 39

2.7. Principes du maximum 46

Chapitre 3. Existence de solutions pour des systèmes d'équations différentielles du troisième ordre 50

3.1. Théorème d'existence général 54

3.2. Autres résultats d'existence 61

3.3. Hypothèse de croissance de type Wintner-Nagumo 70

Chapitre 4. Existence de solutions pour des systèmes d'équations aux échelles de temps du premier ordre 87

4.1. Théorème d'existence pour le problème (4.0.1) 88

4.2. Théorème d'existence pour le problème (4.0.2) 97

Chapitre 5. Existence de solutions pour des systèmes d'inclusions aux échelles de temps du premier ordre 100

5.1. Théorème d'existence 101

Chapitre 6. Existence de solutions pour des systèmes d'équations aux échelles de temps du deuxième ordre 114

6.1. Cas où f ne dépend pas de $x^\Delta(t)$ 115

6.2. Théorème d'existence pour le problème général (6.0.1) 125

Conclusion 133

Bibliographie 137

INTRODUCTION

Nous présentons dans cette thèse des théorèmes d'existence pour des systèmes d'équations différentielles non-linéaires d'ordre trois, pour des systèmes d'équations et d'inclusions aux échelles de temps non-linéaires d'ordre un et pour des systèmes d'équations aux échelles de temps non-linéaires d'ordre deux. L'intérêt pour l'existence de solutions d'équations différentielles non-linéaires ne date pas d'hier. Beaucoup de résultats connus sur le sujet font appel à la technique appelée *majoration a priori* des solutions. Cette méthode consiste à modifier le problème initial et à supposer que si une solution du problème modifié existe, toute solution possible de ce problème est bornée. Le fait qu'il existe une borne uniforme pour toute solution du problème modifié permet ensuite de démontrer l'existence d'une solution à ce problème en ayant recours à des outils d'Analyse non-linéaire tel un théorème de point fixe. L'objectif est de modifier le problème initial judicieusement de sorte que si l'on prouve qu'une solution du problème modifié existe, elle est aussi solution du problème initial.

Une méthode de majoration a priori des solutions largement utilisée pour des équations fut introduite par Picard en 1893 [**50**] et réellement développée par Scorza Dragoni [**53**]. Cette technique consiste à introduire des notions de sous- et sursolutions pour l'équation considérée et à transformer le problème de sorte que si une solution du problème modifié se trouve entre la sous-solution et la sur-solution, elle est aussi solution du problème initial. L'objectif reste donc à définir convenablement les sous- et sur-solution pour le problème de façon à pouvoir démontrer que toute solution du problème modifié se trouve entre celles-ci. Depuis les travaux de Scorza Dragoni, plusieurs résultats d'existence pour des équations différentielles non-linéaires ont été obtenus par le biais de cette technique, en particulier pour les équations du premier et du second ordre.

Dans le cas des systèmes d'équations différentielles, les notions de sous- et de sur-solution ont été généralisées pour celle de tube-solution par Frigon [25] lorsque le système est du deuxième ordre. L'objectif recherché était de pouvoir supposer que si une solution $x \in W^{2,1}([0,1], \mathbb{R}^n)$ du système existe, alors elle est incluse dans un tube-solution, i.e. on peut trouver des fonctions $v \in W^{2,1}([0,1], \mathbb{R}^n)$ et $M \in W^{2,1}([0,1], [0, \infty))$ telles que $\|x(t) - v(t)\| \leq M(t)$, pour tout $t \in [0,1]$. Avec cette notion, elle a obtenu des théorèmes d'existence pour des systèmes d'ordre deux et plus tard, Mirandette [45] a adapté cette nouvelle notion aux systèmes d'équations et d'inclusions différentielles d'ordre un pour obtenir des résultats d'existence dans cette voie.

0.1. Systèmes d'équations différentielles d'ordre trois

Nous étudierons dans le troisième chapitre les systèmes d'équations différentielles d'ordre trois de la forme suivante.

$$\begin{aligned} x'''(t) &= f(t, x(t), x'(t), x''(t)), \quad \text{p.p. } t \in [0,1], \\ x(0) &= x_0, x' \in (BC); \end{aligned} \qquad (0.1.1)$$

Ici $f : [0,1] \times \mathbb{R}^{3n} \to \mathbb{R}^n$ est une fonction de Carathéodory, $x_0 \in \mathbb{R}^n$ et (BC) représente une des conditions aux bords suivantes :

$$\begin{aligned} A_0 x(0) - \rho_0 x'(0) &= r_0, \\ A_1 x(1) + \rho_1 x'(1) &= r_1; \end{aligned} \quad (0.1.2)$$

$$\begin{aligned} x(0) &= x(1), \\ x'(0) &= x'(1); \end{aligned} \quad (0.1.3)$$

où pour $i = 0, 1$, A_i est une matrice $n \times n$ telle qu'il existe une constante $\alpha_i \geq 0$ satisfaisant $\langle x, A_i x \rangle \geq \alpha_i \|x\|^2$ pour tout $x \in \mathbb{R}^n$; $\rho_i = 0$ ou 1 ; $\alpha_i + \rho_i > 0$.

La littérature étant assez riche sur l'existence de solutions pour des systèmes d'équations d'ordre un et deux, elle ne compte pourtant que quelques articles sur l'existence de solutions pour les problèmes aux limites de systèmes d'ordre trois, d'où la pertinence d'en avoir fait un volet de la thèse. Les articles existant sur ce thème touchent surtout aux systèmes généraux du N-ième ordre pour $(N \geq 2)$ tel [44] qui a fait appel à des notions de sous- et sur-solutions généralisées ou tels [40] et [42]. Par contre, mentionnons que pour les équations non-linéaires d'ordre trois, plus de résultats ont été obtenus. Nous référons entre autre le lecteur à [14, 20, 22, 48, 51, 52, 54, 61] et aux notices contenues dans ces textes.

Dans ce chapitre, nous introduirons une définition de tube-solution pour des systèmes du troisième ordre. Cette nouvelle notion fut inspirée par celle qui avait été introduite dans [25] pour les systèmes d'ordre deux. Cette notion généralise aux systèmes les notions de sous- et sur-solutions pour le problème aux limites de l'équation différentielle du troisième ordre étudiée dans [34]. Rappelons cette définition pour (0.1.1), (0.1.2) lorsque $n = 1$.

Définition 0.1.1. Pour $n = 1$, les fonctions $\alpha \leq \beta \in W^{3,1}([0,1])$ sont respectivement appelés sous- et sur-solutions de (0.1.1) et (0.1.2) si

(i) $\alpha'(t) \leq \beta'(t)$ pour tout $t \in [0,1]$;

(ii) $\alpha'''(t) \geq f(t, \alpha(t), \alpha'(t), \alpha''(t))$ p.p. $t \in [0,1]$;

(iii) $\beta'''(t) \leq f(t, \beta(t), \beta'(t), \beta''(t))$ p.p. $t \in [0,1]$;

(iv) $f(t, \beta(t), y, z) \leq f(t, x, y, z) \leq f(t, \alpha(t), y, z)$ pour tout $t \in [0,1]$ et tout $(x, y, z) \in \mathbb{R}^3$ tel que $\alpha(t) \leq x \leq \beta(t)$;

(v) $A_0 \alpha'(0) - \rho_0 \alpha''(0) \leq r_0 \leq A_0 \beta'(0) - \rho_0 \beta''(0)$;

(vi) $A_1 \alpha'(1) + \rho_1 \alpha''(1) \leq r_1 \leq A_1 \beta'(1) + \rho_1 \beta''(1)$.

Mentionnons que d'autres auteurs ont tenté de généraliser la méthode des sous- et des sur-solutions pour les systèmes d'ordre supérieur comme par exemple dans [**44**]. Cependant, notre notion de tube-solution est plus simple que les autres approches. C'est à partir de cette notion que nous avons obtenu les résultats d'existence du chapitre trois. Dans la dernière section de ce chapitre, nous traitons le système (0.1.1) lorsque f est soumise à une condition de croissance de type Wintner-Nagumo. Pour admettre l'existence de solutions d'un tel système, nous avons eu recours à la théorie des inclusions différentielles. Ce résultat d'existence généralise de diverses façons un théorème de [**34**] qui avait été obtenu pour une équation d'ordre trois.

0.2. ÉQUATIONS AUX ÉCHELLES DE TEMPS

Les problèmes étudiés dans les trois derniers chapitres portent sur des systèmes d'équations et d'inclusions aux échelles de temps. Une échelle de temps $\mathbb{T}$ est un sous-ensemble fermé arbitraire de $\mathbb{R}$. Par exemple, les ensembles $\mathbb{N}$, $\mathbb{Z}$ et l'ensemble triadique de Cantor sont des échelles de temps. On sous-entend que la topologie de $\mathbb{T}$ est induite par celle de $\mathbb{R}$. La théorie des équations dynamiques aux échelles de temps a été introduite en 1988 par Stefan Hilger [**38**] dans sa thèse de doctorat où il a notamment définie la Δ-dérivée de la façon suivante.

Définition 0.2.1. Soient $f : \mathbb{T} \to \mathbb{R}^n$ une fonction et $t \in \mathbb{T}^\kappa$. On dira que f est Δ-*dérivable* en t s'il existe un vecteur $f^\Delta(t) \in \mathbb{R}^n$ tel que pour tout $\epsilon > 0$, il existe un voisinage U de t où

$$\|(f(\sigma(t)) - f(s) - f^\Delta(t)(\sigma(t) - s))\| \leq \epsilon |\sigma(t) - s|$$

pour tout $s \in U$. On appelle $f^\Delta(t)$ la Δ-*dérivée* de f en t. Si f est Δ-*dérivable* en t pour tout $t \in \mathbb{T}^\kappa$, alors $f^\Delta : \mathbb{T}^\kappa \to \mathbb{R}^n$ est appelée la Δ-*dérivée* de f sur $\mathbb{T}^\kappa$.

Ici, $\sigma(t) = \inf\{s \in \mathbb{T} : s > t\}$, $\rho(t) = \sup\{s \in \mathbb{T} : s < t\}$ et

$$\mathbb{T}^\kappa = \begin{cases} \mathbb{T}\backslash(\rho(\sup \mathbb{T}), \sup \mathbb{T}] & \text{si } \sup \mathbb{T} < \infty, \\ \mathbb{T} & \text{si } \sup \mathbb{T} = \infty. \end{cases}$$

C'est à partir de cette définition qu'ont été introduites les équations aux échelles de temps qui ont la même forme qu'une équation différentielle à l'exception que par exemple, dans une équation du premier ordre, la dérivée d'une fonction x (x') est remplacée par la Δ-dérivée (x^Δ) de cette fonction.

Nous verrons plus loin dans le texte que si $\mathbb{T} = \mathbb{R}$, la Δ-dérivée équivaut à la dérivée au sens classique et les équations aux échelles de temps deviennent des équations différentielles. Si $\mathbb{T} = \mathbb{Z}$, les équations aux échelles de temps deviennent des équations aux différences finies. D'ailleurs, l'intérêt pour ce dernier type d'équations a connu un essor considérable au cours des dernières années pour expliquer plusieurs phénomènes discrets notamment en économie, psychologie et génie. Qui plus est, l'informatique fait appel aux ensembles discrets et donc, les équations aux différences finies sont abondamment utilisées pour faire avancer cette science. En plus de $\mathbb{Z}$ et $\mathbb{R}$, il est possible d'utiliser toutes sortes d'autres échelles de temps comme par exemple, pour une constante $q > 0$, l'échelle $\mathbb{T} := \{qz : z \in \mathbb{Z}\}$. Pour cette dernière échelle, les équations aux échelles de temps sont appelées les équations aux q-différences (*q-difference equation*) et elles sont utilisées en physique. Ainsi, la théorie des équations aux échelles de temps vient dans un premier temps unifier ce qui peut être fait dans les domaines des équations différentielles et les équations aux différences finies. En travaillant sous l'angle d'une échelle de temps générale, il est possible de faire progresser simultanément ces deux champs des mathématiques. Dans un deuxième temps, la théorie développée autour des échelles de temps permet l'étude de phénomènes se modélisant d'une façon qui fait appel simultanément au discret et au continu. Ainsi, une équation définie sur une échelle de temps de la forme $\bigcup_{n=0}^{\infty}[2n, 2n+1]$ est très utile pour décrire des phénomènes saisonniers. Par exemple, ce pourrait être pour l'étude d'une population d'insectes qui après un certain temps disparaît, pour réapparaître ultérieurement après avoir été pendant un certain temps sous forme de larve.

0.3. Système d'équations aux échelles de temps du premier ordre

Nous étudierons au quatrième chapitre les problèmes suivants.

$$\begin{aligned} x^{\Delta}(t) &= f(t, x(t)), \quad \text{pour tout } t \in \mathbb{T}^{\kappa}, \\ x(a) &= x(b). \end{aligned} \quad (0.3.1)$$

$$\begin{aligned} x^{\Delta}(t) &= f(t, x(\sigma(t))), \quad \text{pour tout } t \in \mathbb{T}^{\kappa}, \\ x &\in (BC). \end{aligned} \quad (0.3.2)$$

Ici, $\mathbb{T}$ est une échelle de temps bornée, $f : \mathbb{T}^\kappa \times \mathbb{R}^n \to \mathbb{R}^n$ est une fonction continue et (BC) désigne une des conditions de bord suivantes :

$$x(a) = x_0; \qquad (0.3.3)$$

$$x(a) = x(b). \qquad (0.3.4)$$

Depuis la création des équations aux échelles de temps, ces types de problèmes pour $n = 1$ ont été passablement étudiés tant pour une échelle de temps générale que dans le cas particulier où l'échelle de temps est un ensemble discret (équations aux différences finies). Certains résultats obtenus dans le cas discret font appel à la méthode des sous- et des sur-solutions comme dans [9] et [23]. Dans ce chapitre, nous avons voulu trouver une hypothèse qui allait généraliser les notions de sous- et de sur-solution. Nous avons donc introduit des notions de tube-solution pour les systèmes (0.3.1) et (0.3.2). Ces notions nous ont permis d'obtenir des résultats d'existence pour ces deux problèmes où le théorème relatif à (0.3.1) généralise entre autre aux systèmes un résultat de [9]. D'autres avant nous ont abordé l'existence des systèmes d'équations aux échelles de temps du premier ordre. Des résultats d'existence ont été obtenus dans [17] et [60] en faisant appel à des hypothèses différentes de la nôtre pour obtenir la majoration a priori des solutions. Cependant, certaines hypothèses introduites dans [60] sont dans certaines conditions des cas particuliers de notre hypothèse de tube-solution et deviennent donc des corollaires du théorème d'existence obtenu pour (0.3.2). De plus, nous montrerons que l'hypothèse utilisé dans [17] pour obtenir un résultat d'existence pour (0.3.1) a ses limites et que notre hypothèse de tube-solution permet d'obtenir l'existence de solutions pour de nouveaux systèmes.

0.4. Système d'inclusions aux échelles de temps du premier ordre

Au chapitre cinq nous nous attaquerons au système d'inclusions suivant.

$$x^\Delta(t) \in F(t, x(\sigma(t))), \quad \Delta\text{-p.p.} \ t \in \mathbb{T}_0,$$
$$x \in (BC). \tag{0.4.1}$$

Ici, $F : \mathbb{T}_0 \times \mathbb{R}^n \to \mathbb{R}^n$ est une fonction multivoque semi-continue supérieurement par rapport à la deuxième variable, à valeurs convexes, compactes, non-vides et satisfaisant d'autres conditions qui seront énumérées dans ce chapitre. De plus, (BC) désigne une des conditions de bord suivantes :

$$x(a) = x_0; \tag{0.4.2}$$

$$x(a) = x(b). \tag{0.4.3}$$

Le seul résultat d'existence que nous avons trouvé pour les inclusions aux échelles de temps du premier ordre se trouve dans [**6**]. De plus, selon nos recherches, aucun résultat avant celui-ci ne traitait de l'existence de solutions pour des systèmes d'inclusions de ce type. Ainsi, ce chapitre ouvre de nouvelles possibilités dans le domaine des inclusions aux échelles de temps. Nos résultats ont été obtenus encore une fois à l'aide d'une hypothèse de tube-solution adaptée au problème.

0.5. Systèmes d'équations aux échelles de temps du deuxième ordre

Finalement, dans le dernier chapitre, nous obtenons des résultats d'existence pour deux types de systèmes d'équations aux échelles de temps du deuxième ordre. Tout d'abord, nous traitons le problème suivant.

$$x^{\Delta\Delta}(t) = f(t, x(\sigma(t))), \quad \Delta\text{-p.p. } t \in \mathbb{T}_0^{\kappa^2},$$
$$x \in (BC).$$
(0.5.1)

Ici, $f : \mathbb{T}_0^{\kappa^2} \times \mathbb{R}^n \to \mathbb{R}^n$ est une fonction Δ-Carathéodory et (BC) désigne une des conditions de bord suivantes :

$$x(a) = x(b);$$
$$x^{\Delta}(a) = x^{\Delta}(\rho(b)).$$
(0.5.2)

$$a_0 x(a) - \gamma_0 x^{\Delta}(a) = x_0;$$
$$a_1 x(b) + \gamma_1 x^{\Delta}(\rho(b)) = x_1.$$
(0.5.3)

où $a_0, a_1, \gamma_0, \gamma_1 \geq 0$, $\max\{a_0, \gamma_0\} > 0$ et $\max\{a_1, \gamma_1\} > 0$.

Depuis quelques années, ce type de problème a intéressé plusieurs chercheurs lorsqu'il s'agit d'une équation. Tout d'abord, Akin [4] utilisa avec succès la méthode des sous- et sur-solution pour obtenir un résultat d'existence pour (0.5.1) soumis à une condition aux bords de Dirichlet. De plus, Stehlìk [55] obtint un résultat d'existence pour (0.5.1) et (0.5.3) en utilisant la même technique de majoration a priori. Pour d'autres articles portant sur le problème (0.5.1) lorsque $n = 1$, mentionnons entre autre [49, 56, 59] et les références s'y rattachant. Notons aussi que l'utilisation de la méthode des sous- et sur-solution pour les équations aux différences finies d'ordre deux a donné naissance à de nombreux résultats dont nous évitons ici la liste exhaustive étant donné que les équations aux échelles de temps englobent ce type d'équation. En revanche, pour les systèmes comme le problème (0.5.1), le premier résultat d'existence a été obtenu récemment (voir [36]) avec des conditions aux bords de type (0.5.3) et très peu ont été obtenus par la suite ([5] et [21]). Nous montrerons que le théorème d'existence que nous obtenons pour (0.5.1) et (0.5.3) généralise les résultats de [**36**] étant donné que l'hypothèse utilisée par ces auteurs pour faire la majoration a priori est un cas particulier de notre hypothèse de tube-solution pour ce type de systèmes. Notons également que notre définition de tube-solution généralise aux systèmes les notions de sous- et sur-solutions introduites pour les équation d'ordre deux par [**4**] et [**55**]. Ainsi, nous généralisons également des résultats obtenus pour des équations aux échelles de temps d'ordre deux.

Nous terminons ce dernier chapitre de la thèse en étudiant l'existence de solutions pour le problème suivant.

$$\begin{aligned} x^{\Delta\Delta}(t) &= f(t, x(\sigma(t)), x^{\Delta}(t)), \quad \Delta\text{-p.p. } t \in \mathbb{T}_0^{\kappa^2}, \\ a_0 x(a) - x^{\Delta}(a) &= x_0, a_1 x(b) + \gamma_1 x^{\Delta}(\rho(b)) = x_1; \end{aligned} \quad (0.5.4)$$

Le fait que la fonction f dépende de x^{Δ} contrairement au problème (0.5.1) représente une difficulté beaucoup plus grande dans le cas d'une échelle de temps $\mathbb{T}$ quelquonque que dans le cas d'un système d'équations différentielles classique du deuxième ordre. C'est sans doute pour cette raison que très peu d'articles abordent des résultats d'existence pour (0.5.4) pour les équations [**7, 43**] et pour les systèmes [**37**]. Nous proposons donc une contribution pour ce type de système en utilisant encore une fois un tube-solution qui est une hypothèse différente de celle utilisée dans [**37**]. De plus, dans ce dernier article, les auteurs ont dû supposer que l'échelle de temps utilisée est soit un intervalle réel fermé ou une échelle de temps discrète, restriction que nous n'avons pas eu besoin d'ajouter.

Après avoir rappelé dans le premier chapitre quelques résultats de base sur l'Analyse non-linéaire et les fonctions multivoques servant à obtenir l'existence de solutions pour les problèmes qui seront étudiés, le second chapitre est une présentation détaillée des équations aux échelles de temps et des résultats se rapportant à ce champ que nous utiliserons. Nous en avons fait un chapitre détaillé car ce domaine est encore peu connu et donc peu de lecteurs risquent d'être familiers avec les notations, la terminologie et les résultats de base qui ont été développés au cours des dernières années. De plus, notons qu'aucun texte en français sur les échelles de temps et les équations aux échelles de temps n'a été trouvé dans la littérature. Il nous a donc semblé approprié de bien résumer toute la base pour en faire bénéficier la communauté universitaire montréalaise et également amener des chercheurs d'ici à élargir leur champ d'intérêt avec des problèmes faisant intervenir les échelles de temps. Même si le deuxième chapitre peut être classé comme en étant un de rappels, il contient tout de même de nouvelles propositions qui pourront sans doute aider dans des recherches futures portant sur l'existence de systèmes d'équations aux échelles de temps. Les contributions originales de ce chapitre se trouvent entre autre dans la dernière section portant sur les principes du maximum. Également, les deux dernières propositions présentées dans la section 2.3 sont de nouveaux résultats.

Chapitre 1

NOTATIONS ET PRÉLIMINAIRES

1.1. NOTATIONS ET RAPPELS

Dans le texte, nous utiliserons les notations suivantes pour désigner les espaces suivants :

(i) $C([0,1], \mathbb{R}^n) = \{x : [0,1] \to \mathbb{R}^n : x \text{ est continue}\}$ muni de la norme usuelle notée $\|\cdot\|_0$.

(ii) $C_{x_o}([0,1], \mathbb{R}^n) = \{x \in C([0,1], \mathbb{R}^n) : x(0) = x_0\}$.

(iii) $C^k([0,1], \mathbb{R}^n) = \{x : [0,1] \to \mathbb{R}^n : x \text{ est continûment différentiable jusqu'à l'ordre } k\}$ muni de la norme $\|x\|_k = \max\{\|x\|_0, \|x'\|_0, ..., \|x^{(k)}\|_0\}$.

(iv) $C_B^k([0,1], \mathbb{R}^n) = \{x \in C^k([0,1], \mathbb{R}^n) : x \in (BC)\}$ où BC désigne des conditions aux limites qui seront considérées plus loin.

(v) $C_{x_0,B}^{k+1}([0,1], \mathbb{R}^N) = \{x \in C^{k+1}([0,1], \mathbb{R}^n) : x(0) = x_0, x^{(k)} \in (BC)\}$.

(vi) $L^p([0,1], \mathbb{R}^n)$ est l'espace des fonctions mesurables x telles que $\|x\|^p$ est intégrable.

(vii) $W^{k,p}([0,1], \mathbb{R}^n) = \{x \in C^{k-1}([0,1], \mathbb{R}^n) : x^{(k)} \in L^p([0,1], \mathbb{R}^n)\}$ est l'espace de Sobolev des fonctions $x \in C^{k-1}([0,1], \mathbb{R}^n)$ dont la dérivée d'ordre k au sens des distributions est dans $L^p([0,1], \mathbb{R}^n)$. Cet espace est muni de la norme usuelle

$$\|x\|_{k,p} = \sum_{0 \leq j \leq k} \|x^{(j)}\|_{L^p([0,1],\mathbb{R}^n)}$$

(viii) $W_B^{k,p}([0,1], \mathbb{R}^N) = \{x \in W^{k,p}([0,1], \mathbb{R}^n) : x \in (BC)\}$

(ix) $W_{x_0,B}^{k+1,p}([0,1], \mathbb{R}^n) = \{x \in W^{k+1,p}([0,1], \mathbb{R}^n) : x(0) = x_0, x^{(k)} \in (BC)\}$

Si E et F sont des espaces topologiques et $f : E \to F$ est une fonction continue, on dit que f est *compacte* si $\overline{f(E)}$ est compact. Si en plus, E est un espace normé, on dit que f est *complètement continue* si $\overline{f(B)}$ est compact pour tout sous-ensemble borné $B \subset E$.

Définition 1.1.1. Une fonction $f : [0,1] \times \mathbb{R}^m \to \mathbb{R}^n$ est une *fonction de Carathéodory* si

(i) pour tout $x \in \mathbb{R}^m$, la fonction $t \mapsto f(t,x)$ est mesurable ;

(ii) presque pour tout $t \in [0,1]$, la fonction $x \mapsto f(t,x)$ est continue ;

(iii) pour tout $R > 0$, il existe une fonction $h_R \in L^1([0,1], [0,\infty))$ telle que $\|f(t,x)\| \leq h_R(t)$ presque pour tout $t \in [0,1]$ et pour tout x tel que $\|x\| \leq R$.

Définition 1.1.2. On dit qu'une fonction $\mathcal{F} : C^k([0,1], \mathbb{R}^n) \times [0,1] \to L^1([0,1], \mathbb{R}^n)$ est *intégrablement bornée sur les bornés* si pour tout ensemble borné $B \subset C^k([0,1], \mathbb{R}^n)$, il existe une fonction intégrable $h_B \in L^1([0,1], [0,\infty))$ telle que

$$\|\mathcal{F}(x,\lambda)(t)\| \leq h_B(t) \text{ p.p. } t \in [0,1] \text{ et tout } (x,\lambda) \in B \times [0,1].$$

À $\mathcal{F} : C^k([0,1], \mathbb{R}^n) \times [0,1] \to L^1([0,1], \mathbb{R}^n)$, on associe l'opérateur

$$N_\mathcal{F} : C^k([0,1], \mathbb{R}^n) \times [0,1] \to C_0([0,1], \mathbb{R}^n)$$

défini par :
$$N_{\mathcal{F}}(x)(t) = \int_0^t \mathcal{F}(x,\lambda)(s)ds.$$

Le résultat suivant établit que cet opérateur est continue et complètement continue lorsque $\mathcal{F}$ satisfait des conditions appropriées. Sa démonstration est une légère modification de celle du théorème 1.3 de [33].

Théorème 1.1.3. *Si* $\mathcal{F} : C^k([0,1], \mathbb{R}^n) \times [0,1] \to L^1([0,1], \mathbb{R}^n)$ *est continue et intégrablement bornée sur les bornés, alors l'opérateur associé* $N_{\mathcal{F}}$ *est continu et complètement continu.*

Rappelons également le théorème de point fixe de Schauder dont le lecteur pourra trouver une démonstration dans [32] et le lemme de Banach dont une démonstration se trouve dans [47].

Théorème 1.1.4. *Soit C un sous-ensemble convexe d'un espace normé E. Si $f : C \to C$ est une fonction compacte, alors f possède au moins un point fixe.*

Lemme 1.1.5. *Soient E un espace de Banach et $u : [0,1] \to E$ une fonction absolument continue. Alors la mesure de l'ensemble $\{t \in [0,1] : u(t) = 0 \text{ et } u'(t) \neq 0\}$ est nulle.*

La règle du changement de variable suivante sera un outil essentiel dans cette thèse. Le lecteur intéressé pourra trouver une preuve dans [24].

Lemme 1.1.6. *Soit* $f \in W^{1,1}([a,b])$ *telle que* $f([a,b]) \subset [c,d]$ *et soit* $g : [c,d] \to \mathbb{R}$ *mesurable au sens de Borel telle que* $g \in L^1([c,d])$ *et* $g(f)f' \in L^1([a,b])$. *Alors*

$$\int_{f(a)}^{f(b)} g(s)ds = \int_a^b g(f(t))f'(t)dt.$$

Nous terminons cette section en rappelant le théorème de Dunford-Pettis énoncé sous une forme que nous utiliserons plus loin. On peut trouver une démonstration de ce résultat énoncé de façon plus générale dans [**19**].

Théorème 1.1.7. *(Dunford-Pettis) Soit* $\{f_n\}_{n \in \mathbb{N}}$ *une suite de fonctions de* $L^1([a,b])$. *S'il existe une fonction* $g \in L^1([a,b])$ *telle que* $|f_n(t)| \leq |g(t)|$ *p.p.* $t \in [a,b]$ *et pour tout* $n \in \mathbb{N}$, *alors* $\{f_n\}_{n \in \mathbb{N}}$ *possède une sous-suite convergeant faiblement dans* $L^1([a,b])$.

1.2. FONCTIONS MULTIVOQUES

Rappelons maintenant quelques définitions et résultats classiques pour les applications multivoques. Nous en aurons besoin lorsque nous travaillerons avec des inclusions différentielles. Soient X, Y des espaces topologiques et $G : X \to Y$ une application multivoque. G est *semi-continue supérieurement* (s.c.s) si $\{x \in X : G(x) \cap C \neq \emptyset\}$ est fermé pour tout ensemble fermé $C \subset Y$. Elle est *compacte* si $G(X) = \bigcup_{x \in X} G(x)$ est relativement compact. Soit Ω un espace mesuré, on dit alors que l'application multivoque $G : \Omega \to X$ est *mesurable* (resp. *faiblement mesurable*) si $\{t \in \Omega : G(t) \cap C \neq \emptyset\}$ est mesurable pour tout ensemble fermé (resp. ouvert) $C \subset X$.

Définition 1.2.1. Soit X un sous-ensemble de $\mathbb{R}^m$. Une fonction $G : [0,1] \times X \to \mathbb{R}^n$ multivoque, à valeurs convexes, fermées et non-vides est une *fonction de Carathéodory* si

(i) pour tout $x \in X$, la fonction $t \mapsto G(t,x)$ est mesurable ;

(ii) presque pour tout $t \in [0,1]$, la fonction $x \mapsto G(t,x)$ est semi-continue supérieurement ;

(iii) pour tout $R > 0$, il existe une fonction $h_R \in L^1([0,1],[0,\infty))$ telle que $\|G(t,x)\| \leq h_R(t)$, i.e. $\|v\| \leq h_R(t)$ pour tout $v \in G(t,x)$, presque pour tout $t \in [0,1]$ et pour tout x tel que $\|x\| \leq R$.

On peut trouver les démonstrations des cinq résultats suivants dans [**39**].

Proposition 1.2.2. *Soit $\{G_n\}_{n \in \mathbb{N}}$ une suite de fonctions multivoques mesurables $G_n : \Omega \to X$. La réunion dénombrable $\bigcup_{n \in \mathbb{N}} G_n : \Omega \to X$ définie par $\left(\bigcup_{n \in \mathbb{N}} G_n\right)(t) = \bigcup_{n \in \mathbb{N}} G_n(t)$ est mesurable.*

Proposition 1.2.3. *La fonction multivoque $G : \Omega \to X$ est faiblement mesurable si et seulement si, la fonction multivoque $\overline{G} : \Omega \to X$ définie par $\overline{G}(t) = \overline{G(t)}$ est faiblement mesurable.*

Théorème 1.2.4. *Soit X un espace métrique et $G : \Omega \to X$ une fonction multivoque à valeurs compactes. G est mesurable si et seulement si, G est faiblement mesurable.*

Théorème 1.2.5. *Soient X un espace métrique séparable et $\{G_n\}_{n \in \mathbb{N}}$ une suite de fonctions multivoques faiblement mesurables $G_n : \Omega \to X$ à valeurs compactes. L'intersection dénombrable $\bigcap_{n \in \mathbb{N}} G_n : \Omega \to X$ définie par $\left(\bigcap_{n \in \mathbb{N}} G_n\right)(t) = \bigcap_{n \in \mathbb{N}} G_n(t)$ est mesurable.*

Théorème 1.2.6. *(Kuratowski-Ryll-Nardzewski) Soient X un espace de Banach séparable et $F : \Omega \to X$ une application multivoque mesurable ; alors il existe une fonction mesurable $f : \Omega \to X$ telle que $f(t) \in F(t)$ presque pour tout $t \in \Omega$.*

Voici une généralisation du théorème de point fixe de Schauder aux fonctions multivoques. Le lecteur intéressé pourra trouver une démonstration dans [**32**]

Théorème 1.2.7. *(Kakutani) Soit C un sous-ensemble convexe d'un espace normé X. Si $T : C \to C$ est une fonction multivoque semi-continue supérieurement, compacte et à valeurs convexes, compactes et non vides, alors T admet un point fixe (i.e. il existe $x \in C$ tel que $x \in T(x)$).*

La proposition suivante découle directement des Lemmes 2.3, 2.7 et 3.5 de [**27**].

Proposition 1.2.8. *Soient $G : [0,1] \times \mathbb{R}^m \times [0,1] \to \mathbb{R}^n$ une fonction de Carathéodory multivoque à valeurs convexes, fermées et non-vides alors l'opérateur associé*

$$\mathcal{N}_G : C([0,1], \mathbb{R}^m) \times [0,1] \to C_0([0,1], \mathbb{R}^n)$$

défini par

$$\mathcal{N}_G(x, \lambda) =$$
$$\{w \in C_0([0,1], \mathbb{R}^n) : w(t) = \int_0^t v(s)\, ds \text{ où } v(t) \in G(t, x(t), \lambda) \text{ a.e. } t \in [0,1]\}$$

est complètement continu, semi-continu supérieurement et à valeurs convexes, fermées, non vides.

1.3. Degré de Leray-Schauder

Pour établir nos résultats d'existence dans le chapitre trois, nous aurons besoin de la théorie du degré de Leray-Schauder. Dans cette section, nous en rappelons les axiomes que l'on peut trouver dans [**32**].

Soient E un espace de Banach et $U \subset E$ un ouvert borné. On note $K_{\partial U}(\overline{U}, E)$ l'ensemble des applications $f : U \to E$ compactes et sans point fixe sur ∂U. Considérons $CK(U)$, l'ensemble des applications $g : \overline{U} \to E$ telles que $g = I - f$ où $f \in K_{\partial U}(\overline{U}, E)$ et où I est la fonction identité. À chaque application $g \in CK(U)$, on associera un entier noté $d(T, U, 0)$ appelé le *degré de Leray-Schauder* de g sur U et vérifiant les axiomes suivants :

(i) (existence) Si $d(g, U, 0) \neq 0$, alors il existe $x \in U$ tel que $g(x) = 0$.

(ii) (normalisation) Si $c \in E$ et $g = I - c$ alors,

$$d(g, U, 0) = \begin{cases} 1 & \text{si } c \in U, \\ 0 & \text{sinon.} \end{cases} \quad (1.3.1)$$

(iii) (invariance par homotopie) Si $h : \overline{U} \times [0, 1] \to E$ est une fonction continue, compacte et sans point fixe sur ∂U pour tout $\lambda \in [0, 1]$, alors l'application $\lambda \mapsto d(g(., \lambda), U, 0)$ où $g : \overline{U} \times [0, 1] \to E$ est définie par $g(x, \lambda) = x - h(x, \lambda)$ est constante.

(iv) (excision) Si $V \subset U$ est un ouvert tel que $g(x) \neq 0$ pour tout $x \in \overline{U} \setminus V$, alors $d(g, U, 0) = d(g, V, 0)$.

(v) (addition) Si $U_1, U_2 \subset U$ sont des ouverts disjoints tels que $\overline{U} = \overline{U_1 \cup U_2}$ et $g(x) \neq 0$ pour tout $x \in \partial U_1 \cup \partial U_2$, alors

$$d(g, U, 0) = d(g, U_1, 0) + d(g, U_2, 0).$$

Les axiomes précédents s'appliquent aussi lorsque $F : U \to E$ est une application multivoque sans point fixe sur ∂U, semi-continue supérieurement, compacte et à valeurs compactes, convexes, non-vides. Dans ce cas, les axiomes s'appliquent à des applications multivoques $G : \overline{U} \to E$ telles que $G = I - F$ où F satisfait les conditions que nous venons d'énoncer.

Chapitre 2

INTRODUCTION AUX ÉQUATIONS AUX ÉCHELLES DE TEMPS *(TIME SCALES EQUATIONS)*

Dans ce chapitre, nous introduisons les échelles de temps. Nous présentons également des résultats usuels relatifs à la mesure et à l'intégration pour des fonctions définies sur des échelles de temps arbitraires. De plus, nous rappelons des résultats pour des espaces de Sobolev et la fonction exponentielle sur des échelles de temps. Pour plus de détails, le lecteur pourra consulter [3, 10, 11, 15, 16].

2.1. TERMINOLOGIE

Une *échelle de temps* $\mathbb{T}$ est un sous-ensemble fermé arbitraire de $\mathbb{R}$. Par exemple, les ensembles $\mathbb{N}$, $\mathbb{Z}$ et l'ensemble triadique de Cantor sont des échelles de temps. On sous-entend que la topologie de $\mathbb{T}$ est induite par celle de $\mathbb{R}$.

Soit $\mathbb{T}$ une échelle de temps. Pour $t \in \mathbb{T}$, on définit l'*opérateur de saut avant* σ : $\mathbb{T} \to \mathbb{T}$ (resp. l'*opérateur de saut arrière* $\rho : \mathbb{T} \to \mathbb{T}$) par $\sigma(t) = \inf\{s \in \mathbb{T} : s > t\}$ (resp. par $\rho(t) = \sup\{s \in \mathbb{T} : s < t\}$). Par convention, on supposera que $\sigma(t) = t$ si t est le maximum de $\mathbb{T}$ et que $\rho(t) = t$ si t est le minimum de $\mathbb{T}$. On dira que t

est *dispersé à droite* (resp. *dispersé à gauche*) si $\sigma(t) > t$ (resp. si $\rho(t) < t$). On dira que t est *isolé* s'il est simultanément dispersé à droite et à gauche. De plus, si $t < \sup \mathbb{T}$, on dira que t est *dense à droite* si $\sigma(t) = t$. Si $t > \inf \mathbb{T}$ et $\rho(t) = t$, on dira que t est *dense à gauche*. Ainsi, un point $t \in \mathbb{T}$ est *dense*, s'il est simultanément dense à droite et dense à gauche. Finalement, définissons la *fonction de granulation* $\mu : \mathbb{T} \to [0, \infty)$ par $\mu(t) = \sigma(t) - t$.

Remarque 2.1.1. Puisque $\mathbb{T}$ est fermé dans $\mathbb{R}$, alors on a toujours que $\sigma(t), \rho(t) \in \mathbb{T}$. De plus, il est démontré dans [16] que l'ensemble $R_{\mathbb{T}}$ des points dispersés à droite d'une échelle de temps bornée est de cardinalité finie ou dénombrable. Ainsi, on peut définir $I_{\mathbb{T}} \subset \mathbb{N}$ et écrire $R_{\mathbb{T}} = \{t_i : i \in I_{\mathbb{T}}\}$.

Si le maximum de $\mathbb{T}$ est dispersé à gauche, alors on pose $\mathbb{T}^\kappa = \mathbb{T} \setminus \sup \mathbb{T}$. Sinon, par convention on aura que $\mathbb{T}^\kappa = \mathbb{T}$. Bref,

$$\mathbb{T}^\kappa = \begin{cases} \mathbb{T} \setminus (\rho(\sup \mathbb{T}), \sup \mathbb{T}] & \text{si } \sup \mathbb{T} < \infty, \\ \mathbb{T} & \text{si } \sup \mathbb{T} = \infty. \end{cases}$$

Si $\mathbb{T}$ est bornée, alors $\mathbb{T}_0 \subset \mathbb{T}^\kappa$ où $\mathbb{T}_0 := \mathbb{T} \setminus \{\max \mathbb{T}\}$.

2.2. Δ-DÉRIVÉE

Définition 2.2.1. Soient $f : \mathbb{T} \to \mathbb{R}^n$ une fonction et $t \in \mathbb{T}^\kappa$. On dira que f est Δ-*différentiable* en t s'il existe un vecteur $f^\Delta(t) \in \mathbb{R}^n$ tel que pour tout $\epsilon > 0$, il existe un voisinage U de t où

$$\|(f(\sigma(t)) - f(s) - f^\Delta(t)(\sigma(t) - s))\| \leq \epsilon |\sigma(t) - s|$$

pour tout $s \in U$. On appelle $f^\Delta(t)$ la Δ-*dérivée* de f en t. Si f est Δ-*différentiable* en t pour tout $t \in \mathbb{T}^\kappa$, alors $f^\Delta : \mathbb{T}^\kappa \to \mathbb{R}^n$ est appelée la Δ-*dérivée* de f sur $\mathbb{T}^\kappa$.

Théorème 2.2.2. *Soient* $f : \mathbb{T} \to \mathbb{R}^n$ *une fonction et* $t \in \mathbb{T}^\kappa$.

(i) *Si* f *est* Δ-*différentiable en* t, *alors* f *est continue en* t.

(ii) *Si* f *est continue en* t *et si* t *est dispersé à droite, alors* f *est* Δ-*différentiable en* t *et*
$$f^\Delta(t) = \frac{f(\sigma(t)) - f(t)}{\mu(t)}.$$

(iii) *Si* t *est dense à droite, alors* f *est* Δ-*différentiable en* t *si et seulement si,* $\lim_{s \to t} \frac{f(t) - f(s)}{t - s}$ *existe et est finie. Dans ce cas,* $f^\Delta(t) = \lim_{s \to t} \frac{f(t) - f(s)}{t - s}$.

(iv) *Si* f *est* Δ-*différentiable en* t, *alors* $f(\sigma(t)) = f(t) + \mu(t) f^\Delta(t)$.

Théorème 2.2.3. *Si* $f, g : \mathbb{T} \to \mathbb{R}$ *sont* Δ-*différentiables en* $t \in \mathbb{T}^\kappa$, *alors*

(i) $f + g$ *est* Δ-*différentiable en* t *et* $(f + g)^\Delta(t) = f^\Delta(t) + g^\Delta(t)$.

(ii) αf *est* Δ-*différentiable en* t *pour tout* $\alpha \in \mathbb{R}$ *et* $(\alpha f)^\Delta(t) = \alpha f^\Delta(t)$.

(iii) fg *est* Δ-*différentiable en* t *et* $(fg)^\Delta(t) = f^\Delta(t) g(t) + f(\sigma(t)) g^\Delta(t) = f(t) g^\Delta(t) + f^\Delta(t) g(\sigma(t))$.

(iv) *Si* $g(t) g(\sigma(t)) \neq 0$, *alors* $\frac{f}{g}$ *est* Δ-*différentiable en* t *et*

$$\left(\frac{f}{g}\right)^\Delta(t) = \frac{f^\Delta(t) g(t) - f(t) g^\Delta(t)}{g(t) g(\sigma(t))}.$$

Ce résultat est une adaptation du théorème 1.87 de [**11**].

Théorème 2.2.4. *Soient* W *un ouvert de* $\mathbb{R}^n$ *et* $t \in \mathbb{T}$ *un point dense à droite. Si* $g : \mathbb{T} \to \mathbb{R}^n$ *est* Δ-*différentiable en* t *et si* $f : W \to \mathbb{R}$ *est différentiable en* $g(t) \in W$, *alors* $f \circ g$ *est* Δ-*différentiable en* t *et* $(f \circ g)^\Delta(t) = \langle f'(g(t)), g^\Delta(t) \rangle$.

DÉMONSTRATION. Soit $\epsilon \in (0,1)$. Il faut montrer qu'il existe un voisinage U de t où
$$|f(g(t)) - f(g(s)) - \langle f'(g(t)), g^\Delta(t)\rangle(t-s)| \leq \epsilon|t-s|$$
pour tout $s \in U$. Soit $K > 1$ une constante et $\epsilon' := \frac{\epsilon}{K}$. Par hypothèse, il existe un voisinage U_1 de t où
$$\|g(t) - g(s) - g^\Delta(t)(t-s)\| \leq \epsilon'|t-s|$$
pour tout $s \in U_1$. De plus, il existe un voisinage $V \subset W$ de $g(t)$ tel que
$$\|f(g(t)) - f(y) - \langle f'(g(t)), g(t) - y\rangle\| \leq \epsilon'|g(t) - y|$$
pour tout $y \in V$. La fonction g étant Δ-différentiable en t, elle est aussi continue en ce point et donc, il existe un voisinage U_2 de t tel que $g(s) \in V$ pour tout $s \in U_2$. Posons $U := U_1 \cap U_2$. Dans ce cas, U est un voisinage de t et si $s \in U$, remarquons que

$$\begin{aligned}
&|f(g(t)) - f(g(s)) - \langle f'(g(t)), g^\Delta(t)\rangle(t-s)| \\
&\leq |f(g(t)) - f(g(s)) - \langle f'(g(t)), g(t) - g(s)\rangle| \\
&\quad + |\langle f'(g(t)), g(t) - g(s)\rangle - \langle f'(g(t)), g^\Delta(t)\rangle(t-s)| \\
&\leq \epsilon'\|g(t) - g(s)\| + |\langle f'(g(t)), g(t) - g(s) - g^\Delta(t)(t-s)\rangle| \\
&\leq \epsilon'(\epsilon'|t-s| + \|g^\Delta(t)(t-s)\|) + \|f'(g(t))\|\|g(t) - g(s) - g^\Delta(t)(t-s)\| \\
&\leq \epsilon'(|t-s| + \|g^\Delta(t)\|\|t-s|) + \epsilon'\|f'(g(t))\|\|t-s| \\
&= \epsilon'(1 + \|g^\Delta(t)\| + \|f'(g(t))\|)|t-s|.
\end{aligned}$$

Il suffit de poser $K := 1 + \|g^\Delta(t)\| + \|f'(g(t))\|$ et le théorème est démontré. $\square$

Exemple 2.2.5. Soit une fonction $x : \mathbb{T} \to \mathbb{R}^n$ Δ-différentiable en $t \in \mathbb{T}$. On sait que la fonction $\|\cdot\| : \mathbb{R}^n \setminus \{0\} \to [0, \infty)$ est différentiable. Si $\|x(t)\| > 0$, alors par continuité, il existe un $\delta > 0$ tel que $\|x(s)\| > 0$ pour $s \in (t - \delta, t + \delta)$. Si de plus $t = \sigma(t)$, en vertu du théoreme précédent on a que $\|x(t)\|^\Delta = \frac{\langle x(t), x^\Delta(t) \rangle}{\|x(t)\|}$.

Définition 2.2.6. Une fonction $f : \mathbb{T} \to \mathbb{R}^n$ est dite *rd-continue* si elle est continue en tout point dense à droite de $\mathbb{T}$ et si sa limite à gauche existe et est finie en tout point dense à gauche de $\mathbb{T}$.

Définition 2.2.7. Pour une fonction $f : \mathbb{T} \to \mathbb{R}^n$, la Δ-*dérivée seconde* $f^{\Delta^{(2)}}$ existe si f^Δ est Δ-différentiable sur $\mathbb{T}^{\kappa^2} = (\mathbb{T}^\kappa)^\kappa$ où $f^{\Delta^{(2)}}(t) = (f^\Delta)^\Delta(t)$. De manière similaire, on peut définir inductivement les Δ-dérivées d'ordre supérieur $f^{\Delta^{(k)}}$.

Pour la suite, on notera $C^k_{rd}(\mathbb{T}, \mathbb{R}^n)$, l'ensemble des fonctions k fois Δ-différentiables sur $\mathbb{T}^{\kappa^k}$ telles que f^{Δ^k} est rd-continue sur $\mathbb{T}$. Pour $\mathbb{T}$ compact, cet espace est muni de la norme $\|x\|_{C^k_{rd}(\mathbb{T}, \mathbb{R}^n)} = \max\{\|x\|_0, \|x^\Delta\|_0, ..., \|x^{\Delta^{(k)}}\|_0\}$ et $\|x^{\Delta^{(i)}}\|_0 = \sup_{t \in \mathbb{T}^{\kappa^i}} \|x(t)\|$ où $\mathbb{T}^{\kappa^0} = \mathbb{T}$ et $x^{\Delta^{(0)}} = x$.

Proposition 2.2.8. *Si* $\mathbb{T}$ *est compact,* $C^k_{rd}(\mathbb{T}, \mathbb{R}^n)$ *est un espace de Banach.*

Remarque 2.2.9. On pourrait facilement se convaincre que l'inclusion $i : C^1(\mathbb{T}, \mathbb{R}^n) \hookrightarrow C(\mathbb{T}, \mathbb{R}^n)$ est complètement continue en vertu du théorème d'Arzelà-Ascoli dont la preuve s'adapte aisément si l'espace considéré est $C(\mathbb{T}, \mathbb{R}^n)$ au lieu de $C([a, b], \mathbb{R}^n)$.

2.3. Δ-MESURE ET Δ-INTÉGRATION

Il est possible de définir une théorie de la mesure et de l'intégration pour une échelle de temps $\mathbb{T}$ bornée où $a = \min \mathbb{T} < \max \mathbb{T} = b$. Introduisons tout d'abord la notion de Δ-*mesure* telle que définie dans le chapitre 5 de [**10**]. Désignons $\mathcal{F}_1$ comme étant la famille d'intervalles fermés à gauche et ouverts à droite de $\mathbb{T}$ de la

forme
$$[c,d) = \{t \in \mathbb{T} : c \leq t < d\}$$

où $c, d \in \mathbb{T}$ et $c \leq d$. L'ensemble vide sera considéré comme faisant partie de $\mathcal{F}_1$ et sera noté $[c, c)$ pour $c \in \mathbb{T}$. On peut définir une mesure additive $m_1 : \mathcal{F}_1 \to [0, \infty)$ telle que
$$m_1([c,d)) = d - c.$$

À partir de m_1, une mesure extérieure m_1^* peut être générée sur $\mathcal{P}(\mathbb{T})$. Ainsi, pour un ensemble arbitraire $E \subset \mathbb{T}$, on définit

$$m_1^*(E) = \begin{cases} \inf\{\sum_{k=1}^m (d_k - c_k) : E \subset \bigcup_{k=1}^m [c_k, d_k) \text{ avec } [c_k, d_k) \in \mathcal{F}_1\} & \text{si } b \notin E, \\ \infty & \text{si } b \in E \end{cases}$$

Définition 2.3.1. Un ensemble $A \subset \mathbb{T}$ sera Δ-*mesurable* si

$$m_1^*(E) = m_1^*(E \cap A) + m_1^*(E \cap (\mathbb{T} \backslash A))$$

est vérifiée pour tout ensemble $E \subset \mathbb{T}$. On notera

$$\mathcal{M}(m_1^*) = \{A \subset \mathbb{T} : A \text{ est } \Delta\text{-mesurable}\}$$

et μ_Δ comme étant la restriction de m_1^* sur l'ensemble $\mathcal{M}(m_1^*)$. Nous avons un espace mesuré complet avec le triplet $(\mathbb{T}, \mathcal{M}(m_1^*), \mu_\Delta)$.

Cet espace mesuré défini, nous pouvons définir la Δ-mesurabilité et la Δ-intégrabilité des fonctions $f : \mathbb{T} \to \mathbb{R}$ en suivant le même procédé que dans le cas de la théorie de l'intégrale de Lebesgue.

Définition 2.3.2. Une fonction $f : \mathbb{T} \to \mathbb{R}$ est Δ- *mesurable* si pour tout $\alpha \in \mathbb{R}$, l'ensemble $f^{-1}(]-\infty, \alpha)) = \{t \in \mathbb{T} : f(t) < \alpha\}$ est Δ-mesurable. Ainsi, on dira qu'une fonction $f : \mathbb{T} \to \mathbb{R}^n$ est Δ-*mesurable* si et seulement si, ses composantes vectorielles $f_i : \mathbb{T} \to \mathbb{R}, i \in \{1, 2, ..., n\}$ sont Δ-mesurables.

Une fonction $g : \mathbb{T} \to \mathbb{R}$ est dite *simple* si elle ne prend qu'un nombre fini de valeurs différentes $\alpha_1, \alpha_2, ..., \alpha_m$. Si $A_j = \{t \in \mathbb{T} : g(t) = \alpha_j\}$ alors

$$g = \Sigma_{j=1}^{m} \alpha_j \chi_{A_j}.$$

La fonction g sera évidemment Δ-mesurable si et seulement si les A_j sont Δ-mesurables pour $j \in \{1, ..., m\}$.

Définition 2.3.3. Si $E \subset \mathbb{T}$ est Δ-mesurable et $g : \mathbb{T} \to \mathbb{R}$ est une fonction simple Δ-mesurable, on définira la Δ-*intégrale de Lebesgue* de g sur E par

$$\int_E g(s) \Delta s = \Sigma_{j=1}^{m} \alpha_j \mu_\Delta (A_j \cap E).$$

Par convention, on supposera que $0 \cdot \infty = 0$.

Définition 2.3.4. Soit $E \subset \mathbb{T}$ un ensemble Δ-mesurable. Pour une fonction $f : \mathbb{T} \to [0, \infty)$ Δ-mesurable, on définira la Δ-*intégrale de Lebesgue* de f sur E par

$$\int_E f(s) \Delta s = sup_{g \in \mathcal{S}_f} \int_E g(s) \Delta s,$$

où $\mathcal{S}_f := \{g : \mathbb{T} \to \mathbb{R} : g \text{ est simple}, \Delta\text{-mesurable et } 0 \leq g \leq f \text{ sur } \mathbb{T}\}$.

Définition 2.3.5. Soient $E \subset \mathbb{T}$ un ensemble Δ-mesurable et $f : \mathbb{T} \to \mathbb{R}$ une fonction Δ-mesurable. On dira que f est Δ-*intégrable au sens de Lebesgue* sur E si au moins un des éléments suivants

$$\int_E f^+(s) \Delta s \text{ ou } \int_E f^-(s) \Delta s$$

est fini. Dans ce cas,
$$\int_E f(s)\Delta s = \int_E f^+(s)\Delta s - \int_E f^-(s)\Delta s.$$

Définition 2.3.6. Soient $E \subset \mathbb{T}$ un ensemble Δ-mesurable et $f : \mathbb{T} \to \mathbb{R}$ une fonction Δ-mesurable. On dira que $f \in L^1_\Delta(E)$ si

$$\int_E |f(s)|\Delta s < \infty.$$

On dira qu'une fonction $f : \mathbb{T} \to \mathbb{R}^n$ Δ-mesurable est dans l'ensemble $L^1_\Delta(E, \mathbb{R}^n)$ si

$$\int_E |f_i(s)|\Delta s < \infty$$

pour chacune de ses composantes $f_i : \mathbb{T} \to \mathbb{R}$.

Les définitions précédentes et l'inégalité du triangle dans $\mathbb{R}^n$ nous convainquent de la justesse de la proposition suivante.

Proposition 2.3.7. *Soit $f \in L^1_\Delta(E, \mathbb{R}^n)$. Alors,*

$$\left\| \int_E f(s)\Delta s \right\| \leq \int_E \|f(s)\|\Delta s.$$

Plusieurs résultats de la théorie de l'intégration sont basés sur des fonctions mesurables $f : X \to \mathbb{R}$ pour un triplet (X, τ, μ) qui est un espace mesuré complet. Ces résultats s'appliquent donc pour l'espace mesuré $(\mathbb{T}, \mathcal{M}(m_1^*), \mu_\Delta)$. Nous en rappelons deux que nous avons adapté à notre situation.

Théorème 2.3.8. *(Théorème de la convergence dominée de Lebesgue) Soit $\{f_n\}_{n \in \mathbb{N}}$ une suite de fonctions dans $L^1_\Delta(\mathbb{T}_0)$. S'il existe une fonction $f : \mathbb{T}_0 \to \mathbb{R}$ telle* que $f_n(t) \to f(t)$ Δ-p.p. $t \in \mathbb{T}_0$ et s'il existe une fonction $g \in L^1_\Delta(\mathbb{T}_0)$ telle que $\|f_n(t)\| \leq g(t)$ Δ-p.p. $t \in \mathbb{T}_0$ et pour tout $n \in \mathbb{N}$, alors $f_n \to f$ dans $L^1_\Delta(\mathbb{T}_0)$.

Théorème 2.3.9. *L'ensemble $L^1_\Delta(\mathbb{T}_0)$ est un espace de Banach muni de la norme $\|f\|_{L^1_\Delta} := \int_{\mathbb{T}_0} |f(s)| \Delta s$.*

Voici une correspondance intéressante qui existe entre la mesure μ_Δ sur $\mathbb{T}$ et la mesure de Lebesgue μ_L sur $\mathbb{R}$.

Proposition 2.3.10. *Soit $A \subset \mathbb{T}$. Alors A est Δ-mesurable si et seulement si, A est mesurable avec la mesure de Lebesgue. Dans lequel cas, nous avons les propriétés suivantes pour A Δ-mesurable :*

(i) Si $b \notin A$, alors

$$\mu_\Delta(A) = \Sigma_{i \in I_A}(\sigma(t_i) - t_i) + \mu_L(A).$$

(ii) $\mu_\Delta(A) = \mu_L(A)$ si et seulement si $b \notin A$ et A n'a pas de points dispersés à droite.

Ici, $\{t_i : i \in I_A\} = R_\mathbb{T} \cap A$ représente l'ensemble des points dispersés à droite de $\mathbb{T}$ appartenant à A.

Nous pouvons également établir une correspondance entre l'intégration sur $\mathbb{T}$ et celle de Lebesgue sur un intervalle réel. Pour y arriver, il faut prolonger une fonction $f : \mathbb{T} \to \mathbb{R}$ sur $[a,b]$ en définissant

$$\widehat{f}(t) := \begin{cases} f(t), & \text{si } t \in \mathbb{T}, \\ f(t_i), & \text{si } t \in (t_i, \sigma(t_i)), \text{ pour un } i \in I_\mathbb{T}. \end{cases} \quad (2.3.1)$$

Voici un résultat provenant de [**16**].

Théorème 2.3.11. *Soient $E \subset \mathbb{T}$ un ensemble Δ-mesurable tel que $b \notin E$ et $\widehat{E} = E \cup \bigcup_{i \in I_E}(t_i, \sigma(t_i))$. Soient $f : \mathbb{T} \to \mathbb{R}$ une fonction Δ-mesurable et $\widehat{f} : [a, b] \to \mathbb{R}$ son extention sur $[a, b]$. Alors, f est Δ-intégrable sur E si et seulement si, $\widehat{f}$ est intégrable au sens de Lebesgue sur $\widehat{E}$. Dans ce cas on a que,*

$$\int_E f(s)\Delta s = \int_{\widehat{E}} \widehat{f}(s)ds.$$

Définissons un deuxième type de prolongement pour une fonction $f : \mathbb{T} \to \mathbb{R}$ sur $[a, b]$. Introduisons la fonction

$$\overline{f}(t) := \begin{cases} f(t), & \text{si } t \in \mathbb{T}, \\ f(t_i) + \frac{f(\sigma(t_i)) - f(t_i)}{\mu(t_i)}(t - t_i), & \text{si } t \in (t_i, \sigma(t_i)), \text{ pour un } i \in I_\mathbb{T}. \end{cases}$$

Définition 2.3.12. On dira que $f : \mathbb{T} \to \mathbb{R}$ est *absolument continue sur $\mathbb{T}$* si pour tout $\epsilon > 0$, il existe un $\delta > 0$ tel que si $\{[a_k, b_k)\}_{k=1}^n$ avec $a_k, b_k \in \mathbb{T}$ est une famille finie d'intervalles disjoints satisfaisant $\Sigma_{k=1}^n(b_k - a_k) < \delta$, on a que $\Sigma_{k=1}^n |f(b_k) - f(a_k)| < \epsilon$.

Nous retrouvons les trois résultats suivants dans [15].

Lemme 2.3.13. *Si $\overline{f}$ est différentiable en $t \in [a, b) \cap \mathbb{T}$ alors f est Δ-différentiable en t et $f^\Delta(t) = \overline{f}'(t)$.*

Théorème 2.3.14. *Soient $f : \mathbb{T} \to \mathbb{R}$ et son extension $\overline{f} : [a, b] \to \mathbb{R}$. On a que f est absolument continue sur $\mathbb{T}$ si et seulement si $\overline{f}$ l'est sur $[a, b]$.*

Théorème 2.3.15. *Une fonction $f : \mathbb{T} \to \mathbb{R}$ est absolument continue sur $\mathbb{T}$ si et seulement si f est Δ-différentiable Δ-presque partout sur $\mathbb{T}_0$, $f^\Delta \in L^1_\Delta(\mathbb{T}_0)$ et*

$$\int_{[a,t] \cap \mathbb{T}} f^\Delta(s)\Delta s = f(t) - f(a), \text{ pour tout } t \in \mathbb{T}.$$

En nous servant des résultats énoncés ci-haut, nous démontrons deux propositions que nous utiliserons pour la suite.

Proposition 2.3.16. *Soient $g \in L^1_\Delta(\mathbb{T}_0)$ et $G : \mathbb{T} \to \mathbb{R}$ la fonction définie par*

$$G(t) := \int_{[a,t) \cap \mathbb{T}} g(s) \Delta s.$$

Alors, Δ-presque partout sur $\mathbb{T}_0$, $G^\Delta(t) = g(t)$.

DÉMONSTRATION. En vertu du Théorème 2.3.11, remarquons que

$$G(t) = \int_{[a,t)} \widehat{g}(s) ds \text{ pour tout } t \in \mathbb{T}.$$

On peut aussi vérifier pour t_i dispersé à droite que

$$\overline{G}(t) = \int_{[a,t_i)} \widehat{g}(s) ds + \int_{[t_i,t)} \widehat{g}(s) ds \text{ si } t \in (t_i, \sigma(t_i)).$$

Ainsi, il est évident que

$$\overline{G}(t) = \int_{[a,t)} \widehat{g}(s) ds \text{ pour tout } t \in [a,b].$$

En vertu d'un résultat de la théorie classique de la mesure, il en résulte que $\overline{G}'(t) = \widehat{g}(t)$ presque partout sur $[a,b]$. Par le Lemme 2.3.13, il en résulte que $G^\Delta(t) = \overline{G}'(t) = \widehat{g}(t) = g(t)$ sauf sur un ensemble $A \subset \mathbb{T}_0$ tel que $\mu_L(A) = 0$. Puisque $\overline{G}$ est continue, alors pour $t_i \in R_\mathbb{T} \cap \mathbb{T}_0$ dispersé à droite,

$$\overline{G}^\Delta(t_i) = \frac{G(\sigma(t_i)) - G(t_i)}{\mu(t_i)} = g(t_i)$$

par le Théorème 2.2.2 (ii). Ainsi, G est Δ-différentiable pour $t \in (\mathbb{T}_0 \backslash A) \cup R_\mathbb{T} \cap \mathbb{T}_0$ et par la Proposition 2.3.10 (ii), $\mu_\Delta(A \backslash (R_\mathbb{T} \cap \mathbb{T}_0)) = 0$ et donc, le théorème est démontré. □

Proposition 2.3.17. *Soit $u : \mathbb{T} \to \mathbb{R}$ une fonction absolument continue. L'ensemble $\{t \in \mathbb{T}_0 \backslash R_{\mathbb{T}_0} : u(t) = 0$ et $u^\Delta(t) \neq 0\}$ est de Δ-mesure nulle.*

DÉMONSTRATION. Il suffit de considérer l'extension $\bar{u}$ de u sur $[a, b]$ et d'appliquer successivement le Théorème 2.3.14, les Lemmes 1.1.5, 2.3.13 et la Proposition 2.3.10 (ii). $\square$

Proposition 2.3.18. *Soit $\{w_n\}_{n \in \mathbb{N}}$ une suite de fonctions de $L^1_\Delta(\mathbb{T}_0, \mathbb{R}^n)$. Si $\widehat{w_n}$ converge faiblement vers une fonction γ dans $L^1([a, b], \mathbb{R}^n)$, alors γ peut s'exprimer comme le prolongement $\widehat{w}$ d'une fonction w définie sur $\mathbb{T}_0$ au sens de la définition (2.3.1). De plus, pour tout ensemble $E \subset \mathbb{T}_0$ Δ-mesurable et toute fonction $v : \mathbb{T} \to \mathbb{R}^n$ continue, on a que*

$$\lim_{n \to \infty} \int_E v(s) w_n(s) \Delta s = \int_E v(s) w(s) \Delta s.$$

DÉMONSTRATION. Par définition de la convergence faible, il faut que $\int_A \widehat{v}(s) \widehat{w_n}(s) ds \to \int_A \widehat{v}(s) \gamma(s) ds$ pour tout ensemble $A \subset [a, b]$ mesurable. Ainsi, pour $t_i \in R_\mathbb{T}$,

$$\int_{(t_i, \sigma(t_i))} \widehat{v}(s) \widehat{w_n}(s) ds = \int_{(t_i, \sigma(t_i))} v(t_i) w_n(t_i) ds$$
$$= v(t_i) w_n(t_i) \mu(t_i) \to \int_{(t_i, \sigma(t_i))} v(s) \gamma(s) ds.$$

Ainsi, $\{w_n(t_i)\}_{n \in \mathbb{N}}$ converge vers un certain $w(t_i) \in \mathbb{R}^n$. Par le Théorème de la Convergence Dominée de Lebesgue, $\widehat{w_n}$ converge fortement vers la fonction constante $w(t_i)$ dans $L^1((t_i, \sigma(t_i)), \mathbb{R}^n)$. Ainsi, on peut poser sans problème que $\gamma(s) = w(t_i)$ sur $[t_i, \sigma(t_i))$. Si on pose que $w(s) := \gamma(s)$ sur $\mathbb{T}_0 \backslash R_\mathbb{T}$, alors la première partie de la

proposition est démontrée. Pour la deuxième partie, remarquons en vertu du Théorème 2.3.11 que
$$\int_E v(s)w_n(s)\Delta s = \int_{\widehat{E}} \widehat{v}(s)\widehat{w_n}(s)ds \to \int_{\widehat{E}} \widehat{v}(s)\gamma(s)ds.$$
D'autre part,
$$\int_{\widehat{E}} \widehat{v}(s)\gamma(s)ds = \int_{\widehat{E}} \widehat{v}(s)\widehat{w}(s)ds.$$
Le Théorème 2.3.11 nous donne la conclusion désirée. □

Clôturons cette section en définissant l'analogue de la fonction de Carathéodory pour des échelles de temps arbitraires.

Définition 2.3.19. Une fonction $f : \mathbb{T}_0^{\kappa^2} \times \mathbb{R}^{2n} \to \mathbb{R}^n$ sera une fonction Δ-*Carathéodory* si les trois conditions suivantes sont satisfaites.

(C-i) L'application $t \to f(t,x)$ est Δ-mesurable pour tout $x \in \mathbb{R}^{2n}$.

(C-ii) L'application $x \to f(t,x)$ est continue Δ-p.p. $t \in \mathbb{T}_0^{\kappa^2}$.

(C-iii) Pour tout $r > 0$, il existe une fonction $h_r \in L^1_\Delta(\mathbb{T}_0^{\kappa^2}, [0, \infty))$ telle que $\|f(t,x)\| \leq h_r(t)$ Δ-p.p. $t \in \mathbb{T}_0^{\kappa^2}$ et pour tout $x \in \mathbb{R}^{2n}$ tel que $\|x\| \leq R$.

2.4. ESPACES DE SOBOLEV

Nous allons maintenant aborder la notion d'espace de Sobolev avec des fonctions définies sur $\mathbb{T}$ compacte où $a = \min \mathbb{T} < \max \mathbb{T} = b$.. Voici donc des définitions et des résultats que l'on retrouve dans [3].

Définition 2.4.1. On dira qu'une fonction $u : \mathbb{T} \to \mathbb{R}$ appartient à l'ensemble $W^{1,1}_\Delta(\mathbb{T})$ si et seulement si $u \in L^1_\Delta(\mathbb{T}_0)$ et qu'il existe une fonction $g : \mathbb{T}^\kappa \to \mathbb{R}$ telle que $g \in L^1_\Delta(\mathbb{T}_0)$ et

$$\int_{\mathbb{T}_0} u(s)\phi^\Delta(s)\Delta s = -\int_{\mathbb{T}_0} g(s)\phi(\sigma(s))\Delta s \text{ pour tout } \phi \in C^1_{0,rd}(\mathbb{T}) \qquad (2.4.1)$$

où

$$C^1_{0,rd}(\mathbb{T}) := \{f : \mathbb{T} \to \mathbb{R} : f \in C^1_{rd}(\mathbb{T}),\ f(a) = 0 = f(b)\}.$$

On dira qu'une fonction $f : \mathbb{T} \to \mathbb{R}^n$ est dans l'ensemble $W^{1,1}_\Delta(\mathbb{T}, \mathbb{R}^n)$ si chacune de ses composantes f_i sont dans $W^{1,1}_\Delta(\mathbb{T})$.

Théorème 2.4.2. *Si $u \in W^{1,1}_\Delta(\mathbb{T})$ et donc que (2.4.1) est satisfaite pour une fonction $g \in L^1_\Delta(\mathbb{T}_0)$, alors il existe une unique fonction $x : \mathbb{T} \to \mathbb{R}$ absolument continue telle que Δ-presque partout sur $\mathbb{T}_0$ on a que $x = u$ et $x^\Delta = g$. De plus, si g est rd-continue sur $\mathbb{T}_0$, alors il existe une unique fonction $x \in C^1_{rd}(\mathbb{T})$ telle que $x = u$ Δ-presque partout sur $\mathbb{T}_0$ et que $x^\Delta = g$ sur $\mathbb{T}_0$.*

Le théorème précédent nous permet de conclure qu'une fonction $u \in W^{1,1}_\Delta(\mathbb{T})$ est aussi continue.

Théorème 2.4.3. *L'ensemble $W^{1,1}_\Delta(\mathbb{T})$ est un espace de Banach avec la norme $\|x\|_{W^{1,1}_\Delta} := \|x\|_{L^1_\Delta(\mathbb{T}_0)} + \|x^\Delta\|_{L^1_\Delta(\mathbb{T}_0)}$.*

Proposition 2.4.4. *Il existe une constante $K > 0$ dépendant seulement de $b - a$ telle que*

$$\|x\|_0 \leq K \|x\|_{W^{1,1}_\Delta}$$

et ainsi, l'injection $i : W^{1,1}_\Delta(\mathbb{T}) \hookrightarrow C(\mathbb{T})$ est continue.

Remarque 2.4.5. Si $x \in W^{1,1}_\Delta(\mathbb{T}, \mathbb{R}^n)$, alors les composantes x_i sont dans $W^{1,1}_\Delta(\mathbb{T})$. En vertu des Théorèmes 2.4.2 et 2.3.15, les x_i sont Δ-différentiables Δ-p.p. sur $\{t \in \mathbb{T} : t = \sigma(t)\}$. De l'exemple 2.2.5, on obtient $\|x(t)\|^\Delta = \frac{\langle x(t), x^\Delta(t) \rangle}{\|x(t)\|}$ Δ-p.p. sur $\{t \in \mathbb{T} : t = \sigma(t)\}$.

Définition 2.4.6. On dira qu'une fonction $u : \mathbb{T} \to \mathbb{R}$ appartient à l'ensemble $W_\Delta^{2,1}(\mathbb{T})$ si et seulement si $u \in W_\Delta^{1,1}(\mathbb{T})$ et qu'il existe une fonction $g_1 : \mathbb{T}^\kappa \to \mathbb{R}$ telle que $g_1 \in W_\Delta^{1,1}(\mathbb{T}^\kappa)$ et

$$\int_{\mathbb{T}_0} u(s)\phi^\Delta(s)\Delta s = -\int_{\mathbb{T}_0} g_1(s)\phi(\sigma(s))\Delta s \text{ pour tout } \phi \in C_{0,rd}^1(\mathbb{T}). \quad (2.4.2)$$

Remarque 2.4.7. En combinant les Définitions 2.4.1 et 2.4.6, on pourrait démontrer que pour $u \in L_\Delta^1(\mathbb{T}_0)$, on a que $u : \mathbb{T} \to \mathbb{R}$ appartient à l'ensemble $W_\Delta^{2,1}(\mathbb{T})$ si et seulement s'il existe des fonctions $g_1 : \mathbb{T}^\kappa \to \mathbb{R}$ et $g_2 : \mathbb{T}^{\kappa^2} \to \mathbb{R}$ telles que $g_1 \in L_\Delta^1(\mathbb{T}_0)$, $g_2 \in L_\Delta^1(\mathbb{T}_0^\kappa)$,

$$\int_{\mathbb{T}_0} u(s)\phi^\Delta(s)\Delta s = -\int_{\mathbb{T}_0} g_1(s)\phi(\sigma(s))\Delta s \text{ pour tout } \phi \in C_{0,rd}^1(\mathbb{T}) \quad (2.4.3)$$

et

$$\int_{\mathbb{T}_0^\kappa} g_1(s)\phi^\Delta(s)\Delta s = -\int_{\mathbb{T}_0^\kappa} g_2(s)\phi(\sigma(s))\Delta s \text{ pour tout } \phi \in C_{0,rd}^1(\mathbb{T}^\kappa) \quad (2.4.4)$$

où

$$C_{0,rd}^1(\mathbb{T}^\kappa) := \{f : \mathbb{T}^\kappa \to \mathbb{R} : f \in C_{rd}^1(\mathbb{T}^\kappa), f(a) = 0 = f(\rho(b))\}.$$

Suite à la définition précédente, on dira qu'une fonction $f : \mathbb{T} \to \mathbb{R}^n$ est dans l'ensemble $W_\Delta^{2,1}(\mathbb{T}, \mathbb{R}^n)$ si chacune de ses composantes f_i sont dans $W_\Delta^{2,1}(\mathbb{T})$.

Théorème 2.4.8. *Si $u \in W_\Delta^{2,1}(\mathbb{T})$ et donc que (2.4.2) est satisfaite pour une fonction $g_1 \in L_\Delta^1(\mathbb{T}_0)$, alors il existe une unique fonction $x : \mathbb{T} \to \mathbb{R}$ où $x^\Delta : \mathbb{T}^\kappa \to \mathbb{R}$ est absolument continue telle que Δ-presque partout sur $\mathbb{T}_0$ on a que $x = u$ et $x^\Delta = g_1$ et telle que $x^{\Delta^{(2)}} = g_2$ Δ-presque partout sur $\mathbb{T}_0^\kappa$.*

Le théorème précédent nous permet de conclure qu'une fonction $u \in W_\Delta^{2,1}(\mathbb{T})$ est aussi continue. On définit $\|u\|_{W_\Delta^{2,1}(\mathbb{T})} = \|u\|_{L_\Delta^1(\mathbb{T}_0)} + \|u^\Delta\|_{L_\Delta^1(\mathbb{T}_0)} + \|u^{\Delta^2}\|_{L_\Delta^1(\mathbb{T}_0)}$.

Puisque $L^1_\Delta(\mathbb{T}_0)$ est un espace de Banach, on peut facilement se convaincre que $W^{2,1}_\Delta(\mathbb{T})$ est aussi un espace de Banach.

Remarque 2.4.9. Si $x \in W^{2,1}_\Delta(\mathbb{T}, \mathbb{R}^n)$, alors les composantes x_i sont dans $W^{2,1}_\Delta(\mathbb{T})$. En vertu des Théorèmes 2.4.8 et 2.3.15, les x_i sont deux fois Δ-différentiables Δ-p.p. sur $\{t \in \mathbb{T}^\kappa_0 : t = \sigma(t)\}$. Ainsi, en vertu de l'exemple 2.2.5 et de la partie (iv) du théorème 2.2.3, on a que

$$\|x(t)\|^{\Delta\Delta} = \frac{\|x(t)\| \langle x(t), x^\Delta(t)\rangle^\Delta - \langle x(t), x^\Delta(t)\rangle \|x(t)\|^\Delta}{\|x(t)\|^2}$$

$$= \frac{\langle x(t), x^{\Delta\Delta}(t)\rangle + \|x^\Delta(t)\|^2}{\|x(t)\|} - \frac{\langle x(t), x^\Delta(t)\rangle^2}{\|x(t)\|^3}$$

Δ-p.p. sur $\{t \in \mathbb{T}^\kappa_0 : t = \sigma(t)$ et $\|x(t)\| > 0\}$.

Proposition 2.4.10. *L'inclusion* $j : W^{2,1}_\Delta(\mathbb{T}) \hookrightarrow C^1(\mathbb{T})$ *est continue.*

Remarque 2.4.11. À partir de la proposition précédente, nous pourrions montrer que l'inclusion $\tilde{j} : W^{2,1}_\Delta(\mathbb{T}, \mathbb{R}^n) \hookrightarrow C^1(\mathbb{T}, \mathbb{R}^n)$ est continue.

2.5. FONCTION EXPONENTIELLE

Pour $\epsilon > 0$, la fonction exponentielle $e_\epsilon(\cdot, t_0) : \mathbb{T} \to \mathbb{R}$ peut être définie comme étant l'unique solution du problème à valeur initiale

$$x^\Delta(t) = \epsilon x(t), \ x(t_0) = 1.$$

Plus explicitement, la fonction exponentielle $e_\epsilon(\cdot, t_0)$ peut être donnée par la formule :

$$e_\epsilon(t, t_0) = \exp\left(\int_{t_0}^t \xi_\epsilon(\mu(s)) \Delta s\right), \quad (2.5.1)$$

où pour $h \geq 0$, on définit $\xi_\epsilon(h)$ par

$$\xi_\epsilon(h) = \begin{cases} \epsilon, & \text{si } h = 0 \\ \frac{\log(1+h\epsilon)}{h}, & \text{sinon.} \end{cases}$$

Pour plus de détails, le lecteur peut consulter le chapitre 2 de [**11**].

Théorème 2.5.1. *Si* $g \in L^1_\Delta(\mathbb{T}_0, \mathbb{R}^n)$, *alors une fonction* $x : \mathbb{T} \to \mathbb{R}^n$ *définie par*

$$x(t) = \frac{1}{e_1(t,a)} \Big[\frac{1}{e_1(b,a) - 1} \int_{[a,b) \cap \mathbb{T}} g(s) e_1(s,a) \Delta s + \int_{[a,t) \cap \mathbb{T}} g(s) e_1(s,a) \Delta s \Big] \tag{2.5.2}$$

est une solution du problème

$$\begin{aligned} x^\Delta(t) + x(\sigma(t)) &= g(t), \quad \Delta\text{- }p.p.\ t \in \mathbb{T}_0, \\ x(a) &= x(b). \end{aligned} \tag{2.5.3}$$

DÉMONSTRATION. Vérifions (2.5.3) pour chaque paire de composantes vectorielles (x_i, g_i), $i \in \{1, 2, ..., n\}$ par calcul direct. Pour alléger la notation, nous omettrons les indices i et nous poserons

$$K := \frac{1}{e_1(b,a) - 1} \int_{[a,b) \cap \mathbb{T}} g(s) e_1(s,a) \Delta s.$$

Ainsi, par le Théorème 2.2.3 et en utilisant la Proposition 2.3.16 on a Δ-p.p. $t \in \mathbb{T}_0$ que

$$x^\Delta(t) + x(\sigma(t)) = K\Big(\frac{1}{e_1(t,a)}\Big)^\Delta + \Big(\frac{1}{e_1(t,a)}\Big)^\Delta \int_{[a,\sigma(t))\cap\mathbb{T}} g(s)e_1(s,a)\Delta s$$
$$+ \frac{1}{e_1(t,a)}\Big(\int_{[a,t)\cap\mathbb{T}} g(s)e_1(s,a)\Delta s\Big)^\Delta + \frac{K}{e_1(\sigma(t),a)}$$
$$+ \frac{1}{e_1(\sigma(t),a)}\int_{[a,\sigma(t))\cap\mathbb{T}} g(s)e_1(s,a)\Delta s$$
$$= K\Big(\frac{-(e_1(t,a))^\Delta}{e_1(t,a)e_1(\sigma(t),a)}\Big) + \frac{K}{e_1(\sigma(t),a)}$$
$$+ \Big(\frac{-(e_1(t,a))^\Delta}{e_1(t,a)e_1(\sigma(t),a)}\Big)\int_{[a,\sigma(t))\cap\mathbb{T}} g(s)e_1(s,a)\Delta s$$
$$+ \frac{1}{e_1(t,a)}g(t)e_1(t,a) + \frac{1}{e_1(\sigma(t),a)}\int_{[a,\sigma(t))\cap\mathbb{T}} g(s)e_1(s,a)\Delta s$$

Puisque $(e_1(t,a))^\Delta = (e_1(t,a))$, en faisant les simplifications appropriées ci-haut, on obtient bien que $x^\Delta(t) + x(\sigma(t)) = g(t)$. Il est facile de vérifier que $x(a) = x(b)$.

$\square$

En utilisant un raisonnement similaire à la preuve du dernier théorème, on peut aussi obtenir les deux résultats suivants.

Théorème 2.5.2. *Si* $g \in L^1_\Delta(\mathbb{T}_0, \mathbb{R}^n)$, *alors une fonction* $x : \mathbb{T} \to \mathbb{R}^n$ *définie par*

$$x(t) = e_1(a,t)\Big(x_0 + \int_{[a,t)\cap\mathbb{T}} e_1(s,a)g(s)\Delta s\Big) \qquad (2.5.4)$$

est solution du problème

$$\begin{aligned} x^\Delta(t) + x(\sigma(t)) &= g(t), \quad \Delta\text{-}p.p.\ t \in \mathbb{T}_0, \\ x(a) &= x_0. \end{aligned} \qquad (2.5.5)$$

Théorème 2.5.3. *Si* $g \in L^1_\Delta(\mathbb{T}_0, \mathbb{R}^n)$, *alors une fonction* $x : \mathbb{T} \to \mathbb{R}^n$ *définie par*

$$x(t) = e_1(t,a)\Big[\frac{e_1(b,a)}{1-e_1(b,a)}\int_{[a,b)\cap\mathbb{T}}\frac{g(s)}{e_1(\sigma(s),a)}\Delta s + \int_{[a,t)\cap\mathbb{T}}\frac{g(s)}{e_1(\sigma(s),a)}\Delta s\Big]$$
(2.5.6)

est une solution du problème

$$x^\Delta(t) - x(t) = g(t), \quad \text{pour tout } t \in \mathbb{T}^\kappa,$$
$$x(a) = x(b).$$
(2.5.7)

Voici un corollaire de l'inégalité de Gronwall adaptée aux échelles de temps arbitraires. On peut en trouver une démonstration dans [11].

Corollaire 2.5.4. *Soit une échelle de temps* $\mathbb{T}$ *bornée où* $a = \min \mathbb{T} < \max \mathbb{T} = b$. *Soient* $y \in C(\mathbb{T}, \mathbb{R})$, $\epsilon > 0$ *et* $\alpha \in \mathbb{R}$. *Si*

$$y(t) \leq \alpha + \int_{[a,t)\cap\mathbb{T}} \epsilon y(s) \Delta s \text{ pour tout } t \in \mathbb{T},$$

alors

$$y(t) \leq \alpha e_\epsilon(t,a) \text{ pour tout } t \in \mathbb{T}.$$

2.6. Unicité de solutions de problèmes classiques d'équations aux échelles de temps d'ordre deux

L'objectif de cette section est d'obtenir des résultats qui nous permettront de transformer facilement les systèmes d'équations aux échelles de temps d'ordre deux considérés aux chapitre 6 en problèmes de point fixe d'opérateurs compacts. Introduisons d'abord les deux prochains lemmes que nous utiliserons quelquefois dans nos démonstrations. Pour le premier, il s'agit d'une légère modification de l'énoncé du Lemme 2 de [31]. Cependant la preuve de ce lemme reste valide pour notre énoncé modifié.

Lemme 2.6.1. *Soit une fonction* $f : \mathbb{T} \to \mathbb{R}$ *ayant un maximum local en un point* t_0 *tel que* $a < t_0 < b$. *Si* $f^{\Delta\Delta}(\rho(t_0))$ *existe, alors* $f^{\Delta\Delta}(\rho(t_0)) \leq 0$ *pourvu que* t_0 *ne soit pas à la fois dense à gauche et dispersé à droite.*

Lemme 2.6.2. *Soit une fonction* $f : \mathbb{T} \to \mathbb{R}$ *ayant un maximum local en un point* $t_0 \in \mathbb{T}^{\kappa^2}$ *dense à droite. Si* $f^{\Delta}(t_0) = 0$ *et* $f^{\Delta\Delta}(t_0)$ *existe, alors* $f^{\Delta\Delta}(t_0) \leq 0$.

DÉMONSTRATION. Puisque t_0 est un maximum local de f dense à droite, alors il existe un $N \in \mathbb{N}$ tel que $f(t) \leq f(t_0)$ pour tout $t \in [t_0, t_0 + \frac{1}{N}]$. Ainsi, pour tout $n \geq N$, il existe un nombre $t_n \in [t_0, t_0 + \frac{1}{n}]$ tel que $f^{\Delta}(t_n) \leq 0$ car sinon, $f(t_0)$ ne serait pas un maximum local. Ainsi, la suite $\{t_n\}_{n \in \mathbb{N}}$ converge vers t_0. Par hypothèse et le Théorème 2.2.2 (iii), on a que

$$f^{\Delta\Delta}(t_0) = \lim_{t \to t_0} \frac{f^{\Delta}(t) - f^{\Delta}(t_0)}{t - t_0} = \lim_{n \to \infty} \frac{f^{\Delta}(t_n)}{t_n - t_0}.$$

Puisque $\frac{f^{\Delta}(t_n)}{t_n - t_0} \leq 0$ pour tout $n \in \mathbb{N}$, alors il faut que $f^{\Delta\Delta}(t_0) \leq 0$. $\square$

Nous aurons besoin également besoin des résultats suivants. La preuve du deuxième lemme se retrouve dans [55], mais ayant constaté quelques lacunes dans la preuve, nous en présentons une nouvelle.

Lemme 2.6.3. *Considérons l'équation*

$$x^{\Delta\Delta}(t) - x(\sigma(t)) = 0, \quad \text{pour tout } t \in \mathbb{T}^{\kappa^2},$$
$$a_0 x(a) - \gamma_0 x^{\Delta}(a) = 0, \qquad (2.6.1)$$
$$a_1 x(b) + \gamma_1 x^{\Delta}(\rho(b)) = 0;$$

où $a_0, a_1, \gamma_0, \gamma_1 \geq 0$, $\max\{a_0, \gamma_0\} > 0$ *et* $\max\{a_1, \gamma_1\} > 0$. *Cette équation a seulement la solution triviale.*

DÉMONSTRATION. Supposons au contraire l'existence de x, une solution non triviale de (2.6.1). Sans perte de généralité, il existe un nombre $c \in \mathbb{T}$ tel que $0 < x(c) = \max_{t \in \mathbb{T}} x(t)$. Traitons d'abord le cas où $a < c < b$. Si c n'est pas à la fois dispersé à droite et dense à gauche, alors en vertu du Lemme 2.6.1, $x^{\Delta\Delta}(\rho(c)) \leq 0$ et donc $x^{\Delta\Delta}(\rho(c)) - x(\sigma(\rho(c))) = x^{\Delta\Delta}(\rho(c)) - x(c) < 0$. Ceci contredit le fait que x est solution du problème (2.6.1). Pour le cas $\rho(c) = c < \sigma(c)$, si $x(c) = x(\sigma(c))$, alors $\sigma(c)$ n'est pas à la fois dense à gauche et dispersé à droite et on se ramène au cas précédent. Si $x(\sigma(c)) < x(c)$, alors $x^{\Delta}(c) < 0$ et par continuité de la fonction $t \mapsto x^{\Delta}(t)$, il existe un $\delta > 0$ tel que $x^{\Delta}(t) < 0$ sur un intervalle $(c - \delta, c)$, ce qui contredit la maximalité de $x(c)$.

Dans le cas où $c = a$, il faudrait que $\gamma_0 > 0$. Dans ce cas, $x^{\Delta}(a) \geq 0$. Si $a < \sigma(a)$, on peut supposer que $x(a) > x(\sigma(a))$, sinon on se ramène au cas précédent. Dans ce cas, on obtient que $x^{\Delta}(a) < 0$, ce qui est une contradiction. Si maintenant $a = \sigma(a)$ et $x^{\Delta}(a) > 0$, alors il existe un nombre $t_1 > a$ tel que $x^{\Delta}(t) > 0$ pour tout $t \in [a, t_1)$. Ainsi, pour tout $s \in (a, t_1)$,

$$x(s) - x(a) = \int_{[a,s) \cap \mathbb{T}} x^{\Delta}(t) \Delta t > 0 \qquad (2.6.2)$$

par le Théorème 2.3.15. Ceci contredit le fait que $x(a)$ est un maximum. Si $a = \sigma(a)$ et $x^{\Delta}(a) = 0$, il existe un nombre t_2 tel que $x(\sigma(t)) > 0$ pour tout $t \in (a, \rho(t_2))$. Ainsi selon (2.6.1), pour tout $t \in (a, \rho(t_2))$, $x^{\Delta\Delta}(t) > 0$ et donc

$$x^{\Delta}(t) - x^{\Delta}(a) = x^{\Delta}(t) = \int_{[a,t) \cap \mathbb{T}} x^{\Delta\Delta}(w) \Delta w > 0 \qquad (2.6.3)$$

par le Théorème 2.3.15. Pourtant, puisque $x(a)$ est un maximum, il existe un $s \in (a, \rho(t_2))$ tel que $x^{\Delta}(s) \leq 0$, ce qui contredit (2.6.3).

Nous omettons le cas $c = b$ qui se traite de manière similaire au cas précédent. $\square$

Lemme 2.6.4. *L'équation*

$$x^{\Delta\Delta}(t) - x(\sigma(t)) = 0, \quad \text{pour tout } t \in \mathbb{T}^{\kappa^2},$$
$$x(a) = x(b), \qquad (2.6.4)$$
$$x^{\Delta}(a) = x^{\Delta}(\rho(b));$$

a seulement la solution triviale.

DÉMONSTRATION. Supposons au contraire l'existence de x, une solution non triviale de (2.6.4). Sans perte de généralité, il existe un nombre $c \in \mathbb{T}$ tel que $0 < x(c) = \max_{t \in \mathbb{T}} x(t)$. Le cas $a < c < b$ se traite comme dans la preuve du lemme précédent. Si $c = a$, alors $x(c) = x(b)$. Si en plus, $a < \sigma(a)$, on supposera que $x(a) > x(\sigma(a))$, car sinon, on peut se ramener au cas précédent. Ainsi, $x^{\Delta}(a) < 0$ et les conditions aux bords nous indiquent que $x^{\Delta}(\rho(b)) < 0$, ce qui contredit le fait que $x(c) = x(b)$. Si $a = \sigma(a)$, alors $x^{\Delta}(\rho(b)) = x^{\Delta}(a) \leq 0$. Puisque $x(c) = x(b)$, alors $x^{\Delta}(a) = x^{\Delta}(\rho(b)) = 0$ et donc, $x^{\Delta\Delta}(a) \leq 0$ par le Lemme 2.6.2. Ainsi, $x^{\Delta\Delta}(a) - x(\sigma(a)) < 0$, ce qui contredit le fait que x doit être solution du problème ci-haut. □

Remarquons que les deux derniers résultats restent valides si les équations sont remplacées par des systèmes.

Proposition 2.6.5. *Soit $g \in L^1_{\Delta}(\mathbb{T}_0^{\kappa^2})$. Il est possible de trouver une solution y pour l'équation*

$$x^{\Delta\Delta}(t) - x(\sigma(t)) = g(t), \quad \Delta\text{-}p.p. \ t \in \mathbb{T}_0^{\kappa^2} \qquad (2.6.5)$$

DÉMONSTRATION. Puisque

$$x^{\Delta\Delta}(t) - x(\sigma(t)) = 0, \quad \text{pour tout } t \in \mathbb{T}^{\kappa^2} \tag{2.6.6}$$

est équivalent à l'équation

$$x^{\Delta\Delta}(t) - \mu(t)x^{\Delta}(t) - x(t) = 0, \quad \text{pour tout } t \in \mathbb{T}^{\kappa^2} \tag{2.6.7}$$

alors en vertu du Théorème 3.4 de [**11**], pour des constantes $r_0, r_1 \in \mathbb{R}$, le problème (2.6.7) assujetti aux conditions $x(a) = r_0$ et $x^{\Delta}(a) = r_1$ possède une unique solution. Ainsi, prenons la solution y_1 de (2.6.7) assujettie aux conditions $x(a) = 1$, $x^{\Delta}(a) = 0$ et prenons la solution y_2 de (2.6.7) assujettie aux conditions $x(a) = 0$, $x^{\Delta}(a) = 1$. Par le corollaire 3.14 de [**11**],

$$W(y_1, y_2)(t) := \begin{vmatrix} y_1(t) & y_2(t) \\ y_1^{\Delta}(t) & y_2^{\Delta}(t) \end{vmatrix} = W(y_1, y_2)(a) = 1.$$

Ainsi, les solutions $\{y_1, y_2\}$ forment un système fondamental de solutions pour (2.6.7). En suivant la méthode de variation des paramètres de la page 113 de [**11**], on peut obtenir une solution de (2.6.5) de la forme $y(t) = \alpha(t)y_1(t) + \beta(t)y_2(t)$ où $\alpha(t) := -\int_{[a,t)\cap\mathbb{T}} y_2(\sigma(s))g(s)\Delta s$ et $\beta(t) := \int_{[a,t)\cap\mathbb{T}} y_1(\sigma(s))g(s)\Delta s$. En utilisant la Proposition 2.3.16, les propriétés du déterminant et le fait que $W(y_1, y_2)(t) = 1$, on peut vérifier sans problème que $y(t) = \alpha(t)y_1(t) + \beta(t)y_2(t)$ est bien une solution par calcul direct. $\square$

Étant donné que le problème (2.6.1) a seulement la solution triviale, on peut énoncer le théorème suivant. La preuve suit exactement le même raisonnement que celle d'un résultat démontré dans [**11**] pour une équation (Théorème 4.67) en utilisant toutefois la proposition précédente. Ce résultat reste également valide pour les systèmes.

Théorème 2.6.6. *Soient* $a_0, a_1, \gamma_0, \gamma_1 \geq 0$ *tels que* $\max\{a_0, \gamma_0\} > 0$ *et* $\max\{a_1, \gamma_1\} > 0$. *Le problème*

$$x^{\Delta\Delta}(t) - x(\sigma(t)) = g(t), \quad \Delta\text{-}p.p.\ t \in \mathbb{T}_0^{\kappa^2}, \tag{2.6.8}$$

$$a_0 x(a) - \gamma_0 x^{\Delta}(a) = x_0, a_1 x(b) + \gamma_1 x^{\Delta}(\rho(b)) = x_1; \tag{2.6.9}$$

où $g \in L_\Delta^1(\mathbb{T}_0^{\kappa^2}, \mathbb{R}^n)$ *possède une unique solution.*

Étant donné que le problème (2.6.4) a seulement la solution triviale, on peut énoncer le théorème suivant. La preuve suit exactement le même raisonnement que celle d'un résultat démontré dans [**11**] pour une équation (Théorème 4.88) en utilisant toutefois la Proposition 2.6.5. Ce résultat reste également valide pour les systèmes.

Théorème 2.6.7. *Le problème*

$$x^{\Delta\Delta}(t) - x(\sigma(t)) = g(t), \quad \Delta\text{-}p.p.\ t \in \mathbb{T}_0^{\kappa^2}, \tag{2.6.10}$$

$$x(a) = x(b), x^{\Delta}(a) = x^{\Delta}(\rho(b)); \tag{2.6.11}$$

où $g \in L_\Delta^1(\mathbb{T}_0^{\kappa^2}, \mathbb{R}^n)$ *possède une unique solution.*

Plus loin dans le texte, nous utiliserons les notations suivantes pour désigner les espaces suivants :

$$C_0(\mathbb{T}, \mathbb{R}^n) := \{x \in C(\mathbb{T}, \mathbb{R}^n) : x(a) = 0\},$$

$$W_{\Delta,B}^{2,1}(\mathbb{T}, \mathbb{R}^n) := \{x \in W_\Delta^{2,1}(\mathbb{T}, \mathbb{R}^n) : x \in (BC)\}.$$

Ici, (BC) est utilisé pour désigner la condition aux bords (2.6.9) ou (2.6.11).

Définissons les opérateurs $L' : W_{\Delta,B}^{2,1}(\mathbb{T}, \mathbb{R}^n) \to L_\Delta^1(\mathbb{T}_0^{\kappa^2}, \mathbb{R}^n)$ et $L : C^1(\mathbb{T}, \mathbb{R}^n) \cap W_{\Delta,B}^{2,1}(\mathbb{T}, \mathbb{R}^n) \to C_0(\mathbb{T}^\kappa, \mathbb{R}^n) \cap W_\Delta^{1,1}(\mathbb{T}^\kappa, \mathbb{R}^n)$ respectivement par

$$L'(x)(t) := x^{\Delta\Delta}(t) - x(\sigma(t)) \qquad (2.6.12)$$

et

$$L(x)(t) := x^{\Delta}(t) - x^{\Delta}(a) - \int_{[a,t)\cap\mathbb{T}} x(\sigma(s))\Delta s \qquad (2.6.13)$$

Proposition 2.6.8. *L'opérateur L' défini ci-haut est linéaire, continu et inversible.*

DÉMONSTRATION. D'abord, il est clair que L' est linéaire et continu. Soit $g \in L^1_\Delta(\mathbb{T}_0^{\kappa^2}, \mathbb{R}^n)$, en vertu du Théorème 2.6.6, si (BC) représente (2.6.9) (resp. du Théorème 2.6.7, si (BC) représente (2.6.11)), il existe une unique solution $x \in W^{2,1}_{\Delta,B}(\mathbb{T}, \mathbb{R}^n)$ telle que

$$x^{\Delta\Delta}(t) - x(\sigma(t)) = g(t) \quad \Delta\text{-p.p. } t \in \mathbb{T}_0^{\kappa^2}$$

En ce qui concerne l'injectivité, selon la condition aux bords considérée, elle découle des Lemmes 2.6.3 ou 2.6.4. □

Proposition 2.6.9. *L'opérateur L défini ci-haut est linéaire, continu (avec les topologies de $C^1(\mathbb{T}, \mathbb{R}^n)$ et $C_0(\mathbb{T}, \mathbb{R}^n)$) et inversible.*

DÉMONSTRATION. D'abord, il est clair que L est linéaire et continu. Soit $g \in C_0(\mathbb{T}^\kappa, \mathbb{R}^n) \cap W^{1,1}_\Delta(\mathbb{T}^\kappa, \mathbb{R}^n)$. Dans ce cas, $g^\Delta \in L^1_\Delta(\mathbb{T}_0^{\kappa^2}, \mathbb{R}^n)$ et en vertu du Théorème 2.6.6, si (BC) représente (2.6.9) (resp. du Théorème 2.6.7, si (BC) représente (2.6.11)), il existe une unique solution $x \in W^{2,1}_{\Delta,B}(\mathbb{T}, \mathbb{R}^n)$ telle que

$$x^{\Delta\Delta}(t) - x(\sigma(t)) = g^\Delta(t) \quad \Delta\text{-p.p. } t \in \mathbb{T}_0^{\kappa^2}.$$

En intégrant cette équation sur l'ensemble $[a, t) \cap \mathbb{T}$, on obtient que

$$x^\Delta(t) - x^\Delta(a) - \int_{[a,t)\cap\mathbb{T}} x(\sigma(s))\Delta s = g(t) - g(a) \quad \Delta\text{-p.p. } t \in \mathbb{T}^\kappa.$$

Puisque $g \in C_0(\mathbb{T}^\kappa, \mathbb{R}^n)$, il est clair que l'opérateur est surjectif. En ce qui concerne l'injectivité, selon la condition aux bords considérée, elle découle des Lemmes 2.6.3 ou 2.6.4. $\square$

2.7. Principes du maximum

Les principes du maximum suivants seront utilisés pour obtenir la majoration a priori des solutions pour les systèmes d'équations aux échelles de temps du premier et du deuxième ordre que nous allons considérer dans ce texte.

Lemme 2.7.1. *Soit une fonction* $r \in W_\Delta^{1,1}(\mathbb{T})$ *telle que* $r^\Delta(t) < 0$ Δ*-p.p.* $t \in \{t \in \mathbb{T}_0 : r(\sigma(t)) > 0\}$. *Si une des conditions suivantes est satisfaite,*

(i) $r(a) \leq 0$;

(ii) $r(a) \leq r(b)$;

alors $r(t) \leq 0$, *pour tout* $t \in \mathbb{T}$.

DÉMONSTRATION. Supposons qu'il existe un $t \in \mathbb{T}$ tel que $r(t) > 0$. Dans ce cas, il existe un $t_0 \in \mathbb{T}$ tel que $r(t_0) = \max_{t \in \mathbb{T}} r(t) > 0$, car r est continue sur $\mathbb{T}$. Si $t_0 > \rho(t_0)$, alors $r^\Delta(\rho(t_0))$ existe car $\mu_\Delta(\{\rho(t_0)\}) = t_0 - \rho(t_0) > 0$ et puisque $r \in W_\Delta^{1,1}(\mathbb{T})$, il faut que $r^\Delta(t)$ existe Δ-presque partout. Mais $r^\Delta(\rho(t_0)) = \frac{r(t_0)-r(\rho(t_0))}{t_0-\rho(t_0)} \geq 0$, ce qui contredit l'hypothèse de départ exigeant que $r^\Delta(\rho(t_0)) < 0$ étant donné que $r(t_0) = r(\sigma(\rho(t_0))) > 0$. Si $t_0 = \rho(t_0) > a$, alors il existe un intervalle $[t_1, \rho(t_0))$ tel que $r(\sigma(t)) > 0$ pour tout $t \in [t_1, \rho(t_0))$. Ainsi, $r(t_0) - r(t_1) = r(\rho(t_0)) - r(t_1) = \int_{[t_1,\rho(t_0))\cap\mathbb{T}} r^\Delta(s)\Delta s < 0$ par hypothèse et par le Théorème 2.3.15. Ceci contredit la maximalité de $r(t_0)$. Le cas $t_0 = a$ est impossible si l'hypothèse (i) est vraie alors que si $r(a) \leq r(b)$, il faudrait que $r(a) = r(b)$. En prenant $t_0 = b$, par ce qui précède, on trouverait que $r(b) \leq 0$, ce qui nous mène directement à la conclusion. □

Lemme 2.7.2. *Soit une fonction* $r \in C_{rd}^1(\mathbb{T}, \mathbb{R}^n)$ *telle que* $r^\Delta(t) > 0$ *pour tout* $t \in \{t \in \mathbb{T}^\kappa : r(t) > 0\}$. *Si* $r(a) \geq r(b)$, *alors* $r(t) \leq 0$, *pour tout* $t \in \mathbb{T}$.

DÉMONSTRATION. Supposons qu'il existe un $t \in \mathbb{T}$ tel que $r(t) > 0$, alors il existe un $t_0 \in \mathbb{T}$ tel que $r(t_0) = \max_{t \in \mathbb{T}} r(t) > 0$. Si $t_0 < \sigma(t_0)$, alors $r^\Delta(t_0) \leq 0$, ce qui contredit l'hypothèse de départ. Si $t_0 < b$ et $t_0 = \sigma(t_0)$, alors il existe un intervalle $[t_0, t_1]$ tel que $r(t) > 0$ pour tout $t \in [t_0, t_1]$. Ainsi, $0 < \int_{t_0}^{t_1} r^\Delta(s) \Delta s = r(t_1) - r(t_0)$, ce qui contredit la maximalité de $r(t_0)$. Finalement, si $t_0 = b$, alors par hypothèse, il faudrait que $r(a) = r(b)$. En prenant $t_0 = a$, par ce qui précède, on trouverait que $r(a) \leq 0$. □

Lemme 2.7.3. *Soit une fonction* $r \in W_\Delta^{2,1}(\mathbb{T})$ *telle que* $r^{\Delta\Delta}(t) > 0$ Δ-*p.p.* $t \in \{t \in \mathbb{T}_0^{\kappa^2} : r(\sigma(t)) > 0\}$. *Si une des conditions suivantes est satisfaite,*

  (i) $a_0 r(a) - \gamma_0 r^\Delta(a) \leq 0$ *et* $a_1 r(b) + \gamma_1 r^\Delta(\rho(b)) \leq 0$ *(où* a_0, a_1, γ_0 *et* γ_1 *sont définies comme dans le Théorème 2.6.6).*

  (ii) $r(a) = r(b)$ *et* $r^\Delta(a) \geq r^\Delta(\rho(b))$

alors $r(t) \leq 0$, *pour tout* $t \in \mathbb{T}$.

DÉMONSTRATION. Supposons qu'il existe un $t \in \mathbb{T}$ tel que $r(t) > 0$. Dans ce cas, il existe un $t_0 \in \mathbb{T}$ tel que $r(t_0) = \max_{t \in \mathbb{T}} r(t) > 0$, car r est continue sur $\mathbb{T}$. Traitons d'abord le cas où $t_0 \in \mathbb{T} \setminus \{a, b\}$. Si $t_0 > \rho(t_0)$, alors $r^{\Delta\Delta}(\rho(t_0))$ existe car

$\mu_\Delta(\{\rho(t_0)\}) = t_0 - \rho(t_0) > 0$ et puisque $r \in W_\Delta^{2,1}(\mathbb{T})$, il faut que $r^{\Delta\Delta}(t)$ existe Δ-presque partout. Ainsi, $\sigma(\rho(t_0)) = t_0$ et en vertu du Lemme 2.6.1, $r^{\Delta\Delta}(\rho(t_0)) \leq 0$, ce qui contredit l'hypothèse. Si $r(t_0) > r(\sigma(t_0))$, le cas $\rho(t_0) = t_0 < \sigma(t_0)$ est impossible en vertu d'un raisonnement du Lemme 2.6.3 et si $r(t_0) = r(\sigma(t_0))$, on traite le cas $\rho(t_0) = t_0 < \sigma(t_0)$ en prenant $r(\sigma(t_0))$ comme maximum pour la fonction r et ceci revient à traiter le premier cas si $\sigma(t_0) < b$. Si $\sigma(t_0) = b$ avec $r(\sigma(t_0))$ comme maximum pour la fonction r, ceci revient au cas $t_0 = b$ qui sera traité plus bas. Si $\rho(t_0) = t_0 = \sigma(t_0)$, alors il existe des nombres t_1, t_2 tels que $t_1 < t_0 < t_2$ et tels que $r(\sigma(t)) > 0$ pour tout $t \in (t_1, \rho(t_2))$. Ainsi, pour tous nombres $s \in (t_1, t_0)$ et $t \in (t_0, t_2)$,

$$r^\Delta(t) - r^\Delta(s) = \int_{[s,t) \cap \mathbb{T}} r^{\Delta\Delta}(w) \Delta w > 0 \tag{2.7.1}$$

par hypothèse et par le Théorème 2.3.15. Pourtant, puisque $r(t_0)$ est un maximum, il existe un $s \in (t_1, t_0)$ tel que $r^\Delta(s) \geq 0$ et il existe un $t \in (t_0, t_2)$ tel que $r^\Delta(t) \leq 0$. Donc, $r^\Delta(t) - r^\Delta(s) \leq 0$, ce qui contredit (2.7.1).

Traitons finalement le cas où $t_0 \in \{a, b\}$. Regardons en premier lieu le cas où la fonction r satisfait la condition (i). Si $t_0 = a$ et $\gamma_0 = 0$, alors $r(a) \leq 0$. Si $t_0 = a$ et $\gamma_0 > 0$, alors $r^\Delta(a) \geq 0$. Si $a < \sigma(a)$ on peut supposer que $r(a) > r(\sigma(a))$, sinon on se ramène au cas précédent. Dans ce cas, on obtient que $r^\Delta(a) < 0$, ce qui est une contradiction. Si maintenant $a = \sigma(a)$ et $r^\Delta(a) > 0$, alors il existe un nombre $t_1 > a$ tel que $r^\Delta(t) > 0$ pour tout $t \in [a, t_1)$. Ainsi, pour tout $s \in (a, t_1)$,

$$r(s) - r(a) = \int_{[a,s) \cap \mathbb{T}} r^\Delta(t) \Delta t > 0 \tag{2.7.2}$$

par le Théorème 2.3.15. Ceci contredit le fait que $r(a)$ est un maximum. Si $a = \sigma(a)$ et $r^\Delta(a) = 0$, il existe un nombre t_2 tel que $r(\sigma(t)) > 0$ pour tout $t \in (a, \rho(t_2))$.

Ainsi par hypothèse, Δ-presque pour tout $t \in (a, \rho(t_2))$, $r^{\Delta\Delta}(t) > 0$ et donc

$$r^{\Delta}(t) - r^{\Delta}(a) = r^{\Delta}(t) = \int_{[a,t)\cap\mathbb{T}} r^{\Delta\Delta}(w)\Delta w > 0 \qquad (2.7.3)$$

par le Théorème 2.3.15. Pourtant, puisque $r(a)$ est un maximum, il existe un $s \in (a, \rho(t_2))$ tel que $r^{\Delta}(s) \leq 0$, ce qui contredit (2.7.3).

Nous omettons le cas $t_0 = b$ pour la condition (i) qui se traite de manière similaire au cas précédent.

Si la fonction r satisfait la condition (ii) et si $t_0 = b$, on peut supposer que $r(a) = r(b) = \max_{t\in\mathbb{T}} r(t) > 0$. Si $a < \sigma(a)$, on va supposer que $r(a) > r(\sigma(a))$ car sinon, on pourrait prendre $t_0 = \sigma(a)$ et on se ramènerait à un cas précédent. Il en résulte alors par la condition (ii) que $r^{\Delta}(\rho(b)) \leq r^{\Delta}(a) < 0$, ce qui contredit le fait que $t_0 = b$. Si $a = \sigma(a)$, en utilisant le même raisonnement que dans le Lemme 2.6.4, on obtiendrait que $r^{\Delta}(a) = r^{\Delta}(\rho(b)) = 0$. Puisque $t_0 = a = \sigma(a)$ il existe un nombre $t_1 > a$ tel que $r(\sigma(t)) > 0$ pour tout $t \in [a, \rho(t_1))$. Ainsi, pour tout $s \in (a, t_1)$,

$$r^{\Delta}(s) = r^{\Delta}(s) - r^{\Delta}(a) = \int_{[a,s)\cap\mathbb{T}} r^{\Delta\Delta}(t)\Delta t > 0 \qquad (2.7.4)$$

par hypothèse et par le Théorème 2.3.15. Pourtant, puisque $r(a)$ est un maximum, il existe un $s \in (a, t_1)$ tel que $r^{\Delta}(s) \leq 0$, ce qui contredit (2.7.4). Ainsi, peu importe la condition, il faut que $r(t) \leq 0$, pour tout $t \in \mathbb{T}$. $\square$

Chapitre 3

EXISTENCE DE SOLUTIONS POUR DES SYSTÈMES D'ÉQUATIONS DIFFÉRENTIELLES DU TROISIÈME ORDRE

Dans ce chapitre, nous établissons des théorèmes d'existence pour des systèmes d'équations différentielles du troisième ordre avec des conditions aux limites. Soit $f : [0,1] \times \mathbb{R}^{3n} \to \mathbb{R}^n$ une fonction de Carathéodory. Nous considérons ici le problème

$$\begin{aligned} x'''(t) &= f(t, x(t), x'(t), x''(t)), \quad \text{p.p. } t \in [0,1], \\ x(0) &= x_0, x' \in (BC); \end{aligned} \quad (3.0.1)$$

où $x_0 \in \mathbb{R}^n$ et où (BC) représente une des conditions aux limites suivantes :

$$\begin{aligned} A_0 x(0) - \rho_0 x'(0) &= r_0, \\ A_1 x(1) + \rho_1 x'(1) &= r_1; \end{aligned} \quad (3.0.2)$$

$$\begin{aligned} x(0) &= x(1), \\ x'(0) &= x'(1); \end{aligned} \quad (3.0.3)$$

où A_i est une matrice $n \times n$ telle qu'il existe un $\alpha_i \geq 0$ tel que $\langle x, A_i x \rangle \geq \alpha_i \|x\|^2$ pour tout $x \in \mathbb{R}^n$; $\rho_i = 0, 1$; $\alpha_i + \rho_i > 0$; $i = 0, 1$.

Introduisons la notion de tube-solution qui sera cruciale dans l'obtention de résultats d'existence.

Définition 3.0.4. Un *tube-solution pour le problème* (3.0.1) est un couple $(v, M) \in W^{3,1}([0,1], \mathbb{R}^n) \times W^{3,1}([0,1], [0, \infty[)$ tel que :

(i) $M'(t) \geq 0$ pour tout $t \in [0,1]$;

(ii) $\langle y - v'(t), f(t,x,y,z) - v'''(t)\rangle + \|z - v''(t)\|^2 \geq M'(t)M'''(t) + (M''(t))^2$ p.p. $t \in [0,1]$ et pour tout $(x,y,z) \in \mathbb{R}^{3n}$ tels que $\|x - v(t)\| \leq M(t)$, $\|y - v'(t)\| = M'(t)$, $\langle y - v'(t), z - v''(t)\rangle = M'(t)M''(t)$;

(iii) $v'''(t) = f(t, x, v'(t), v''(t))$ p. p. $t \in [0,1]$ tel que $M'(t) = 0$ et pour tout $x \in \mathbb{R}^n$ tel que $\|x - v(t)\| \leq M(t)$;

(iv) Si (BC) représente (3.0.2), $\|r_0 - (A_0 v'(0) - \rho_0 v''(0))\| \leq \alpha_0 M'(0) - \rho_0 M''(0)$, $\|r_1 - (A_1 v'(1) + \rho_1 v''(1))\| \leq \alpha_1 M'(1) + \rho_1 M''(1)$;

et si (BC) représente (3.0.3), alors $v'(0) = v'(1)$, $M'(0) = M'(1)$ et $\|v''(1) - v''(0)\| \leq M''(1) - M''(0)$;

(v) $\|x_0 - v(0)\| \leq M(0)$.

On notera
$$T_1(v, M) = \{x \in C^1(I, \mathbb{R}^n) : \|x'(t) - v'(t)\| \leq M'(t), \|x(t) - v(t)\| \leq M(t)\, \forall t \in [0,1]\}.$$

Remarque 3.0.5. Nous verrons plus loin que cette condition de tube-solution sera utilisée pour obtenir une solution x de (3.0.1) telle que $x \in T_1(v, M)$.

Pour des résultats existants dans le cas scalaire, notamment dans [34, 52, 54], des conditions d'existence de sous-solution α et de sur-solution β pour le problème (3.0.1) sont considérées afin d'obtenir une solution telle que pour tout $t \in [0,1]$:

$$\alpha(t) \leq x(t) \leq \beta(t)$$

et
$$\alpha'(t) \leq x'(t) \leq \beta'(t).$$

Rappelons les définitions générales de sous- et de sur-solutions présentées entre autre dans [34, 52] pour l'équation du troisième ordre

$$x'''(t) = f(t, x(t), x'(t), x''(t)), \quad \text{p.p. } t \in [0, 1]. \tag{3.0.4}$$

Définition 3.0.6. Une fonction $\alpha \in W^{3,1}([0,1])$ (resp. $\beta \in W^{3,1}([0,1])$) est une *sous-solution* (resp. une *sur-solution*) pour (3.0.4) si $\alpha'''(t) \geq f(t, \alpha(t), \alpha'(t), \alpha''(t))$ presque pour tout $t \in [0,1]$ (resp. $\beta'''(t) \leq f(t, \beta(t), \beta'(t), \beta''(t))$ presque pour tout $t \in [0,1]$).

Il est à noter que pour chacune de ces définitions, il faut ajouter des restrictions supplémentaires qui dépendent des conditions aux limites considérés pour ces systèmes d'ordre 3. Dans [34], on étudie l'équation (3.0.1) avec des conditions aux limites du style $x(0) = 0$ et $x' \in (SL)$. Pour effectuer la majoration a priori sur la solution et sa dérivée, Grossinho et Minhós imposent les restrictions suivantes en regard des conditions aux limites du problème :

$$\alpha(0) = 0, \beta(0) = 0; \tag{3.0.5}$$

$$A_0 \alpha'(0) - \rho_0 \alpha''(0) \leq r_0, A_0 \beta'(0) - \rho_0 \beta''(0) \geq r_0; \tag{3.0.6}$$

$$A_1 \alpha'(1) + \rho_1 \alpha''(1) \leq r_1, A_1 \beta'(1) + \rho_1 \beta''(1) \geq r_1; \tag{3.0.7}$$

et ils ajoutent également les hypothèses suivantes :

$$\alpha'(t) \leq \beta'(t); \tag{3.0.8}$$

$$f(t, \beta(t), y, z) \leq f(t, x, y, z) \leq f(t, \alpha(t), y, z); \tag{3.0.9}$$

pour tout $t \in [0,1]$ et tout $(x,y,z) \in \mathbb{R}^{3n}$ tel que $\alpha(t) \leq x \leq \beta(t)$.

Si α et β sont respectivement des sous- et des sur-solutions de (3.0.4) vérifiant (3.0.5) à (3.0.9) alors le couple $(\frac{\beta+\alpha}{2}, \frac{\beta-\alpha}{2})$ est un tube-solution pour (3.0.1), (3.0.2). En effet, (3.0.8) implique la condition (i). La condition (ii) découle de la Définition 3.0.6, puisque (y,z) est soit $(\alpha'(t), \alpha''(t))$ ou $(\beta'(t), \beta''(t))$. Ainsi, par l'inégalité (3.0.9), si $\alpha(t) \leq x \leq \beta(t)$, la condition (ii) est satisfaite. Si jamais on avait que $M'(t) = 0$ pour certains $t \in [0,1]$, alors on aurait que $\alpha'(t) = \beta'(t)$ et en vertu du lemme 1.1.5, il en résulterait que $\alpha''(t) = \beta''(t)$ et $\alpha'''(t) = \beta'''(t) = v'''(t)$ presque pour tout $t \in [0,1]$ tel que $M'(t) = 0$. Avec ces informations, on peut facilement vérifier que la condition (iii) est satisfaite. Enfin, les conditions (iv) et (v) se vérifient facilement.

Par ailleurs si (v, M) est un tube-solution pour (3.0.1) avec $x(0) = 0$ et $x' \in (SL)$, alors $\alpha = v - M$ et $\beta = v + M$ sont respectivement sous- et sur-solution de (3.0.1) sans que les conditions (3.0.5) et (3.0.9) ne soient nécessairement satisfaites.

La démonstration du lemme suivant découle directement du Lemme 3.2 de [**26**] appliqué à x'.

Lemme 3.0.7. *Soit (v,M) un tube-solution pour (3.0.1). Si $x \in W^{3,1}([0,1], \mathbb{R}^n)$ est telle que $x' \in W_B^{2,1}([0,1], \mathbb{R}^N)$ et satisfait*

$$\frac{\langle x'(t) - v'(t), x'''(t) - v'''(t)\rangle + \|x''(t) - v''(t)\|^2}{\|x'(t) - v'(t)\|}$$
$$- \frac{\langle x'(t) - v'(t), x''(t) - v''(t)\rangle^2}{\|x'(t) - v'(t)\|^3} - \epsilon\|x'(t) - v'(t)\|$$
$$\geq M'''(t) - \epsilon M'(t)$$

presque partout sur $\{t \in [0,1] : \|x'(t) - v'(t)\| > M'(t)\}$, *alors* $\|x'(t) - v'(t)\| \leq M'(t)$, *pour tout* $t \in [0,1]$.

3.1. THÉORÈME D'EXISTENCE GÉNÉRAL

Nous considérons le problème (3.0.1) avec $f : [0,1] \times \mathbb{R}^{3n} \to \mathbb{R}^n$ une fonction de Carathéodory et avec une des conditions aux limites mentionnées ci-haut. Pour le moment, nous imposons l'hypothèse suivante :

(H3.1) Il existe (v, M) un tube-solution de (3.0.1).

Nous voulons d'abord obtenir le théorème général d'existence suivant.

Théorème 3.1.1. *Soit* $f : [0,1] \times \mathbb{R}^{3n} \to \mathbb{R}^n$ *une fonction de Carathéodory. Si l'hypothèse* $(H3.1)$ *est satisfaite et si en plus*

(i) il existe $K > 0$ *tel que pour toute solution* x *de* (3.1.1), *on a que*

$$\|x''(t)\| < K \text{ pour tout } t \in [0,1],$$

alors le problème (3.0.1) *possède au moins une solution telle que* $x \in T_1(v, M)$.

Fixons $\epsilon \in [0,1]$ de sorte que l'opérateur $L_\epsilon : C_B^1([0,1], \mathbb{R}^n) \to C_0([0,1], \mathbb{R}^n)$ défini par

$$L_\epsilon(x)(t) = x'(t) - x'(0) - \epsilon \int_0^t x(s)ds$$

soit inversible.

Considérons la famille de problèmes modifiés suivante :

$$\begin{aligned} &x'''(t) - \epsilon x'(t) = f_\lambda^\epsilon(t, x(t), x'(t), x''(t)), \quad \text{p.p. } t \in [0,1], \\ &x(0) = x_0, x' \in (BC); \end{aligned} \quad (3.1.1)$$

où $\lambda \in [0,1]$ et la fonction $f_\lambda^\epsilon : [0,1] \times \mathbb{R}^{3n} \to \mathbb{R}^n$ est définie par :

$$f_\lambda^\epsilon(t,x,y,z) = \begin{cases} \lambda\left(\frac{M'(t)}{\|y-v'(t)\|}f_1(t,x,\hat{y},\tilde{z}) - \epsilon\hat{y}\right) - \epsilon(1-\lambda)v'(t) \\ +\left(1 - \frac{\lambda M'(t)}{\|y-v'(t)\|}\right)\left(v'''(t) + \frac{M'''(t)}{\|y-v'(t)\|}(y-v'(t))\right) & \text{si } \|y-v'(t)\| > M'(t), \\ \lambda(f_1(t,x,y,z) - \epsilon y) - \epsilon(1-\lambda)v'(t) \\ +(1-\lambda)\left(v'''(t) + \frac{M'''(t)}{M'(t)}(y-v'(t))\right) & \text{sinon};\end{cases}$$

où (v, M) est le tube-solution de (3.0.1) donné par (H3.1),

$$f_1(t,x,y,z) = \begin{cases} f(t,\overline{x},y,z) & \text{si } \|x-v(t)\| > M(t), \\ f(t,x,y,z) & \text{sinon};\end{cases}$$

$\overline{x} = \frac{M(t)}{\|x-v(t)\|}(x-v(t)) + v(t),$

$\hat{y} = \frac{M'(t)}{\|y-v'(t)\|}(y-v'(t)) + v'(t),$

$\tilde{z} = z + \left(M''(t) - \frac{\langle y-v'(t), z-v''(t)\rangle}{\|y-v'(t)\|}\right)\left(\frac{y-v'(t)}{\|y-v'(t)\|}\right),$

et où on comprend que

$$\frac{M'''(t)}{M'(t)}(y-v'(t)) = 0 \text{ sur } \{t \in [0,1] : \|y-v'(t)\| = M'(t) = 0\}.$$

Remarque 3.1.2. En montrant qu'une solution x du problème modifié est telle que pour tout $t \in [0,1]$, on a que $\|x'(t) - v'(t)\| \leq M'(t)$ et que $\|x(t) - v(t)\| \leq M(t)$, nous sommes assurés qu'une solution du problème (3.1.1) pour $\lambda = 1$ est aussi solution du problème (3.0.1).

À f_λ^ϵ, nous allons associer l'opérateur

$$\mathcal{F}^\epsilon : C^2([0,1], \mathbb{R}^n) \times [0,1] \to L^1([0,1], \mathbb{R}^n)$$

défini par :

$$\mathcal{F}^\epsilon(x, \lambda)(t) = f_\lambda^\epsilon(t, x(t), x'(t), x''(t)).$$

Proposition 3.1.3. *Soit $f : [0,1] \times \mathbb{R}^{3n} \to \mathbb{R}^n$ une fonction de Carathéodory. Sous l'hypothèse $(H3.1)$, l'opérateur $\mathcal{F}^\epsilon$ préalablement défini est continu et intégrablement borné sur les bornés.*

DÉMONSTRATION. Montrons tout d'abord que $\mathcal{F}^\epsilon$ est intégrablement borné sur les bornés. Soit $B \subset C^2([0,1], \mathbb{R}^n)$ un ensemble borné. Si $x \in B$, alors il existe un nombre $K > 0$ tel que $\|x^{(i)}(t)\| \leq K$, pour tout $t \in [0,1]$ et pour $i = 0, 1, 2$. Remarquons que

$$\begin{aligned}
\|\mathcal{F}^\epsilon(x,\lambda)(t)\| &= \|f_\lambda^\epsilon(t, x(t), x'(t), x''(t))\| \\
&\leq \max\{\|f(t, u, y, z)\| : \|u\| \leq \|v\|_0 + \|M\|_0, \|y\| \leq \|v'\|_0 + \|M'\|_0, \\
&\qquad \|z\| \leq 2\|x''\|_0 + \|v''\|_0 + \|M''\|_0\} \\
&\qquad + |M'(t)| + \|v'(t)\| + \|v'''(t)\| + |M'''(t)|
\end{aligned}$$

pour tout $\lambda \in [0,1]$ et presque pour tout $t \in [0,1]$.

Puisque f est une fonction de Carathéodory, $v \in W^{3,1}([0,1], \mathbb{R}^n)$ et $M \in W^{3,1}([0,1], \mathbb{R})$, alors il est clair que $\mathcal{F}^\epsilon$ est intégrablement borné sur les bornés. En ce qui a trait à la continuité, montrons que si $x_n \to x$ dans $C^2([0,1], \mathbb{R}^n)$ et $\lambda_n \to \lambda$ dans $[0,1]$, alors

$$f^\epsilon_{\lambda_n}(t, x_n(t), x'_n(t), x''_n(t)) \to f^\epsilon_\lambda(t, x(t), x'(t), x''(t)) \text{ p.p. } t \in [0,1]. \quad (3.1.2)$$

Puisque f est de Carathéodory, il est clair par la définition de f^ϵ_λ que la relation (3.1.2) est obtenue presque partout sur $\{t \in [0,1] : \|x'(t) - v'(t)\| \neq M'(t)\}$. De plus, on peut démontrer, en utilisant un raisonnement similaire à celui de la preuve de la Proposition 3.5 de [**26**], que $\widetilde{x}''_n(t) \to x''(t)$ presque partout sur $\{t \in [0,1] : \|x'(t) - v'(t)\| = M'(t) > 0\}$. Ainsi, la relation (3.1.2) est satisfaite presque partout sur $\{t \in [0,1] : \|x'(t) - v'(t)\| = M'(t) > 0\}$.

Sur l'ensemble $A = \{t \in [0,1] : \|x'(t) - v'(t)\| = M'(t) = 0\}$, on obtient que $x'(t) = v'(t)$ et en vertu du Lemme 1.1.5, il faut que $x''(t) = v''(t)$, $M''(t) = 0$ et $M'''(t) = 0$ presque pour tout $t \in A$. Dans ce cas,

$$\begin{aligned}
f^\epsilon_\lambda(t, x(t), x'(t), x''(t)) &= \lambda(f_1(t, x(t), x'(t), x''(t)) - \epsilon x'(t)) + (1-\lambda)(v'''(t) - \epsilon v'(t)) \\
&= \lambda(f_1(t, x(t), v'(t), v''(t)) - \epsilon x'(t)) + (1-\lambda)(v'''(t) - \epsilon v'(t)) \\
&= \lambda(v'''(t) - \epsilon x'(t)) + (1-\lambda)(v'''(t) - \epsilon v'(t)) \\
&= v'''(t) - \lambda\epsilon x'(t) - (1-\lambda)\epsilon v'(t)
\end{aligned}$$

presque partout sur A. Ainsi, il devient évident que la relation (3.1.2) sera également satisfaite presque partout sur ce dernier ensemble.

La relation (3.1.2) et le fait que $\mathcal{F}^\epsilon$ soit intégrablement bornée sur les bornés impliquent que les hypothèses du théorème de la convergence dominée de Lebesgue sont satisfaites et donc $\mathcal{F}^\epsilon(x_n, \lambda_n) \to \mathcal{F}^\epsilon(x, \lambda)$ dans $L^1([0,1], \mathbb{R}^n)$. La continuité de $\mathcal{F}^\epsilon$ est donc démontrée. $\square$

Lemme 3.1.4. *Si l'hypothèse* $(H3.1)$ *est satisfaite alors pour toute solution x de* (3.1.1), $x \in T_1(v, M)$.

DÉMONSTRATION. Montrons tout d'abord que si $x \in W^{3,1}_{x_0,B}([0,1], \mathbb{R}^n)$ est une solution de (3.1.1), alors $\|x'(t) - v'(t)\| \leq M'(t)$, pour tout $t \in [0,1]$. Sur l'ensemble $\{t \in [0,1] : \|x'(t) - v'(t)\| > M'(t)\}$, nous avons que

$$\|\widehat{x'}(t) - v'(t)\| = M'(t), \tag{3.1.3}$$

$$\langle \widehat{x'}(t) - v'(t), \widetilde{x''}(t) - v''(t) \rangle = M'(t) M''(t), \tag{3.1.4}$$

et

$$\|\widetilde{x''}(t) - v''(t)\|^2 = \|x''(t) - v''(t)\|^2 + (M''(t))^2 - \frac{\langle x'(t) - v'(t), x''(t) - v''(t) \rangle^2}{\|x'(t) - v'(t)\|^2}. \tag{3.1.5}$$

Par conséquent, en utilisant (H3.1) on obtient que :

$$\frac{\langle x'(t) - v'(t), x'''(t) - v'''(t)\rangle + \|x''(t) - v''(t)\|^2}{\|x'(t) - v'(t)\|}$$
$$- \frac{\langle x'(t) - v'(t), x''(t) - v''(t)\rangle^2}{\|x'(t) - v'(t)\|^3} - \epsilon\|x'(t) - v'(t)\|$$
$$= \frac{\left\langle x'(t) - v'(t), \frac{\lambda M'(t)}{\|x'(t)-v'(t)\|}\left(f_1(t, x(t), \widehat{x'}(t), \widetilde{x''}(t)) - v'''(t) - \epsilon(x'(t) - v'(t))\right)\right\rangle}{\|x'(t) - v'(t)\|}$$
$$+ \frac{\left\langle x'(t) - v'(t), \epsilon(x'(t) - v'(t)) + \left(1 - \frac{\lambda M'(t)}{\|x'(t)-v'(t)\|}\right)\frac{M'''(t)}{\|x'(t)-v'(t)\|}(x'(t) - v'(t))\right\rangle}{\|x'(t) - v'(t)\|}$$
$$+ \frac{\|\widetilde{x''}(t) - v''(t)\|^2 - (M''(t))^2}{\|x'(t) - v'(t)\|} - \epsilon\|x'(t) - v'(t)\|$$
$$= \frac{\lambda\big(\langle \widehat{x'}(t) - v'(t), f_1(t, x(t), \widehat{x'}(t), \widetilde{x''}(t)) - v'''(t)\rangle + \|\widetilde{x''}(t) - v''(t)\|^2 - (M''(t))^2\big)}{\|x'(t) - v'(t)\|}$$
$$+ \frac{(1-\lambda)\big(\|\widetilde{x''}(t) - v''(t)\|^2 - (M''(t))^2\big)}{\|x'(t) - v'(t)\|} + \left(1 - \frac{\lambda M'(t)}{\|x'(t) - v'(t)\|}\right)M'''(t)$$
$$- \lambda\epsilon M'(t)$$
$$\geq M'''(t) - \epsilon M'(t)$$

presque partout sur $\{t \in [0,1] : \|x'(t) - v'(t)\| > M'(t)\}$. En vertu du Lemme 3.0.7, il en résulte que pour toute solution de (3.1.1), on a $\|x'(t) - v'(t)\| \leq M'(t)$, pour tout $t \in [0,1]$. Ainsi, $\|x(t) - v(t)\|' \leq \|x'(t) - v'(t)\| \leq M'(t)$. La fonction $t \mapsto \|x(t) - v(t)\| - M(t)$ est donc décroissante sur $[0,1]$ et puisque $\|x_0 - v(0)\| \leq M(0)$, alors $\|x(t) - v(t)\| \leq M(t)$ pour tout $t \in [0,1]$. □

Nous sommes maintenant en mesure de démontrer le Théorème 3.1.1.

DÉMONSTRATION DU THÉORÈME 3.1.1. Considérons l'opérateur $D : C^2_{x_0,B}([0,1], \mathbb{R}^n) \to C^1_B([0,1], \mathbb{R}^n)$ défini par

$$D(x) = x'$$

On peut facilement vérifier que cet opérateur est linéaire, continu et bijectif.
Une solution de (3.1.1) sera un point fixe de l'opérateur

$$H = D^{-1} \circ L_\epsilon^{-1} \circ N_{\mathcal{F}^\epsilon} : \overline{U} \times [0,1] \to C^2_{x_0,B}([0,1],\mathbb{R}^n) \subset C^2([0,1],\mathbb{R}^n)$$

où N_F est défini à la section 1.1 et

$$U = \{x \in C^2([0,1],\mathbb{R}^n) : \|x^{(i)}\|_0 < \|v^{(i)}\|_0 + \|M^{(i)}\|_0; i = 0,1; \|x''\|_0 < K\}.$$

Étant donné que U est un ouvert borné, la Propostion 3.1.3, le Théorème 1.1.3 et la continuité des opérateurs D et L_ϵ nous assurent de la compacité de H. En vertu de l'hypothèse (i) du théorème et par le Lemme 3.1.4, cet opérateur est sans point fixe sur ∂U. Il s'agit donc d'une homotopie compacte sans point fixe sur ∂U. En vertu des axiomes de la théorie du degré de Leray-Schauder, il suffira de montrer que $d(I - H(\cdot,0), U, 0) \neq 0$. Ainsi, on aura que $d(I - H(\cdot,1), U, 0) \neq 0$ et donc, (3.1.1) et conséquemment (3.0.1) auront une solution.

Par définition de f_λ^ϵ, on peut aisément vérifier qu'il existe un $R > 0$ tel que $\mathcal{F}^\epsilon(C^2([0,1],\mathbb{R}^n) \times \{0\}) \subset B(0,R) \subset L^1([0,1],\mathbb{R}^n)$. Ainsi, $\mathcal{F}^\epsilon(\cdot,0)$ est intégrablement bornée et donc, $N_{\mathcal{F}^\epsilon}(\cdot,0)$ est compacte. Il en résulte que

$$H(\cdot,0) : C^2([0,1],\mathbb{R}^n) \to C^2([0,1],\mathbb{R}^n)$$

est compact et on peut supposer qu'il existe un ouvert borné $W \subset C^2([0,1],\mathbb{R}^n)$ contenant U tel que $D^{-1} \circ L_\epsilon^{-1} \circ N_{\mathcal{F}^\epsilon}(C^2([0,1],\mathbb{R}^n) \times \{0\}) \subset W$. Ainsi, l'application

$$T : C^2([0,1],\mathbb{R}^n) \times [0,1] \to C^2([0,1],\mathbb{R}^n)$$

telle que $T(x,\lambda) = \lambda D^{-1} \circ L_\epsilon^{-1} \circ N_{\mathcal{F}^\epsilon}(x,0)$ est une homotopie compacte sans point fixe sur ∂W et toujours selon les axiomes de la théorie du degré de Leray-Schauder, on a que :

$1 = d(I, W, 0) = d(I - T(\cdot, 0), W, 0) = d(I - T(\cdot, 1), W, 0) = d(I - H(\cdot, 0), W, 0).$

Ainsi, par la propriété d'excision, $d(I - H(\cdot, 0), U, 0) = 1$ et donc, le problème (3.0.1) possède une solution. □

3.2. AUTRES RÉSULTATS D'EXISTENCE

Dans cette section, nous voulons obtenir d'autres théorèmes d'existence en utilisant de nouvelles hypothèses permettant d'assurer que la condition (i) du Théorème 3.1.1 soit satisfaite. Ainsi, pour obtenir de nouveaux résultats, il suffit d'obtenir une majoration adéquate pour les dérivées secondes de toute solution x du problème (3.1.1). Considérons les hypothèses suivantes :

(H3.2) Il existe une fonction $\gamma \in L^1([0,1], [0, \infty[)$ et une fonction
$\phi : [0, \infty[\to]0, \infty[$ mesurable au sens de Borel telles que

(i) $|\langle z, f(t, x, y, z) \rangle| \leq \phi(\|z\|)(\gamma(t) + \|z\|)$ presque pour tout $t \in [0, 1]$ et pour tout $(x, y, z) \in \mathbb{R}^{3n}$ tels que $\|x - v(t)\| \leq M(t)$ et $\|y - v'(t)\| \leq M'(t)$;

(ii) pour tout $c \geq 0$, $\int_c^\infty \frac{s\,ds}{\phi(s)+s} = \infty$.

(H3.3) Il existe une fonction $\gamma \in L^1([0,1], [0, \infty[)$ et $\phi : [0, \infty[\to [1, \infty[$ une fonction mesurable au sens de Borel telles que

(i) $\|f(t, x, y, z)\| \leq \gamma(t)\phi(\|z\|)$ presque pour tout $t \in [0, 1]$ et pour tout $(x, y, z) \in \mathbb{R}^{3n}$ tels que $\|x - v(t)\| \leq M(t)$ et $\|y - v'(t)\| \leq M'(t)$;

(ii) pour tout $c \geq 0$, $\int_c^\infty \frac{ds}{\phi(s)} = \infty$.

(H3.4) Il existe des constantes $r, b > 0$, $c \geq 0$ et une fonction $h \in L^1([0,1], \mathbb{R})$ telles que presque pour tout $t \in [0,1]$ et pour tout $(x, y, z) \in \mathbb{R}^{3n}$ avec $\|x - v(t)\| \leq M(t)$, $\|y - v'(t)\| \leq M'(t)$ et $\|z\| \geq r$, on a que

$$(b+c\|y\|)\sigma(t,x,y,z) \geq \|z\| - h(t),$$

où

$$\sigma(t,x,y,z) = \frac{\langle y, f(t,x,y,z)\rangle + \|z\|^2}{\|z\|} - \frac{\langle z, f(t,x,y,z)\rangle\langle y,z\rangle}{\|z\|^3}.$$

(H3.5) Il existe une constante $a \geq 0$ et une fonction $l \in L^1([0,1], \mathbb{R})$ telles que

$$\|f(t,x,y,z)\| \leq a\big(\langle y, f(t,x,y,z)\rangle + \|z\|^2\big) + l(t)$$

presque pour tout $t \in [0,1]$ et pour tout $(x,y,z) \in \mathbb{R}^n$ tels que $\|x - v(t)\| \leq M(t)$ et $\|y - v'(t)\| \leq M'(t)$.

En juxtaposant judicieusement ces hypothèses, nous pourrons obtenir de nouveaux résultats d'existence que nous regrouperons dans deux énoncés différents afin d'alléger le texte. Ces résultats découleront des trois lemmes suivants qui sont en fait respectivement le Lemme 3.4 de [26] et les Lemmes 3.4 et 3.5 de [30].

Lemme 3.2.1. *Soient* $r, k \geq 0$, $m \in L^1([0,1], \mathbb{R})$ *et* $\phi : [0, \infty[\to]0, \infty[$ *une fonction mesurable au sens de Borel telle que*

$$\int_r^\infty \frac{s\,ds}{\phi(s)} > \|m\|_{L^1([0,1],\mathbb{R})} + k$$

Alors il existe une constante $K > 0$ *telle que* $\|x'\|_0 < K$ *pour tout* $x \in W^{2,1}([0,1], \mathbb{R}^n)$ *satisfaisant les conditions suivantes :*

(i) $\min_{t \in [0,1]} \|x'(t)\| \leq r$;

(ii) $\|x'\|_{L^1([t_0,t_1],\mathbb{R})} \leq k$ *pour tout intervalle* $[t_0, t_1] \subset \{t \in [0,1] : \|x'(t)\| \geq r\}$;

(iii) $|\langle x'(t), x''(t)\rangle| \leq \phi(\|x'(t)\|)(m(t) + \|x'(t)\|)$ *presque partout sur* $\{t \in [0,1] : \|x'(t)\| \geq r\}$.

Lemme 3.2.2. *Soient* $u \in W^{2,1}([0,1], \mathbb{R}^n)$, $r, \beta > 0$, $\gamma \geq 0$ *et* $m \in L^1([0,1], \mathbb{R})$. *Il existe une fonction croissante* $\omega : [0, \infty[\to [0, \infty[$ *telle que pour tout intervalle* $[t_0, t_1]$ *sur lequel* $\|x'(t) - u'(t)\| \geq r$, *on a que*

$$\|x' - u'\|_{L^1([t_0,t_1],\mathbb{R})} \leq \omega(\|x - u\|_0),$$

et

$$\min_{t \in [0,1]} \|x'(t) - u'(t)\| \leq \max\{r, \omega(\|x - u\|_0)\}.$$

pour tout $x \in W^{2,1}([0,1], \mathbb{R}^n)$ *satisfaisant presque partout sur* $\{t \in [t_0, t_1] : \|x'(t) - u'(t)\| \geq r\}$ *l'inégalité*

$$(\beta + \gamma \|x(t) - u(t)\|)\sigma_u(t, x) + \frac{\gamma \langle x(t) - u(t), x'(t) - u'(t) \rangle^2}{\|x(t) - u(t)\| \|x'(t) - u'(t)\|} \geq \|x'(t) - u'(t)\| - m(t)$$

où

$$\sigma_u(t, x) = \frac{\langle x(t) - u(t), x''(t) - u''(t) \rangle + \|x'(t) - u'(t)\|^2}{\|x'(t) - u'(t)\|}$$
$$- \frac{\langle x'(t) - u'(t), x''(t) - u''(t) \rangle \langle x(t) - u(t), x'(t) - u'(t) \rangle}{\|x'(t) - u'(t)\|^3}.$$

Lemme 3.2.3. *Soient* $k \geq 0$ *et* $m \in L^1([0,1], \mathbb{R})$. *Si* $x \in W^{2,1}([0,1], \mathbb{R}^n)$ *satisfait*

$$\|x''(t)\| \leq k(\langle x(t), x''(t) \rangle + \|x'(t)\|^2) + m(t)$$

presque pour tout $t \in [0,1]$, *alors il existe une fonction croissante* $\omega : [0, \infty[\to]0, \infty[$ *telle que* $\|x'\|_{L^1([0,1],\mathbb{R})} \leq \omega(\|x\|_0)$.

Nous sommes maintenant en mesure de démontrer de nouveaux théorèmes d'existence.

Théorème 3.2.4. *Soit $f : [0,1] \times \mathbb{R}^{3n} \to \mathbb{R}^n$, une fonction de Carathéodory. Si les hypothèses $(H3.1)$ et $(H3.2)$ sont satisfaites et si en plus, l'hypothèse $(H3.4)$ ou l'hypothèse $(H3.5)$ est satisfaite, alors le problème (3.0.1) possède au moins une solution telle que $x \in T_1(v, M)$.*

DÉMONSTRATION. La conclusion découlera du Théorème 3.1.1 si on arrive à montrer qu'il existe une constante $K > 0$ telle que $\|x''\|_0 < K$ pour toute solution x de (3.1.1). En vertu de l'hypothèse $(H3.2)$ et du Lemme 3.1.4, nous avons que pour toute solution de (3.1.1)

$$|\langle x''(t), x'''(t) \rangle|$$
$$= |\langle x''(t), \lambda f(t, x(t), x'(t), x''(t)) + \epsilon(1-\lambda)(x'(t) - v'(t))$$
$$+ (1-\lambda)\bigl(v'''(t) + \frac{M''''(t)}{M'(t)}(x'(t) - v'(t))\bigr)\rangle|$$
$$\leq |\langle x''(t), f(t, x(t), x'(t), x''(t)) \rangle|$$
$$+ (\epsilon\|x'(t) - v'(t)\| + \|v'''(t)\| + |M'''(t)|)\|x''(t)\|$$
$$\leq (\gamma(t) + \|x''(t)\|)\phi(\|x''(t)\|)$$
$$+ (\epsilon|M'(t)| + \|v'''(t)\| + |M'''(t)|)\|x''(t)\|$$
$$\leq (\phi(\|x''(t)\|) + \|x''(t)\|)(\gamma(t) + \|x''(t)\| + \epsilon|M'(t)| + \|v'''(t)\| + |M'''(t)|)$$

presque pour tout $t \in [0, 1]$. Il suffira donc de montrer que les conditions (i) et (ii) du Lemme 3.2.1 sont satisfaites pour $x' \in W^{2,1}([0,1], \mathbb{R}^n)$.

Si c'est l'hypothèse $(H3.4)$ qui est satisfaite alors presque partout sur $\{t \in [0,1] : \|x''(t)\| \geq r\}$, on a que

$$\sigma_0(t, x') =$$
$$\frac{\langle x'(t), x'''(t)\rangle + \|x''(t)\|^2}{\|x''(t)\|} - \frac{\langle x''(t), x'''(t)\rangle \langle x'(t), x''(t)\rangle}{\|x''(t)\|^3}$$
$$= \lambda \sigma(t, x(t), x'(t), x''(t))$$
$$+ (1-\lambda)\|x''(t)\| + \frac{(1-\lambda)\langle x'(t), v'''(t) + (\epsilon + \frac{M'''(t)}{M'(t)})(x'(t) - v'(t))\rangle}{\|x''(t)\|}$$
$$- \frac{(1-\lambda)\langle x''(t), v'''(t) + (\epsilon + \frac{M'''(t)}{M'(t)})(x'(t) - v'(t))\rangle \langle x'(t), x''(t)\rangle}{\|x''(t)\|^3}$$

$$\geq \lambda \sigma(t, x(t), x'(t), x''(t)) + (1-\lambda)\|x''(t)\|$$
$$- \frac{2(\|v'(t)\| + |M'(t)|)(\|v'''(t)\| + \epsilon|M'(t)| + |M'''(t)|)}{r}$$

et ainsi, l'hypothèse $(H3.4)$ nous assure que

$$(b + c\|x'(t)\|)\sigma_0(t, x')$$
$$\geq \lambda(\|x''(t)\| - h(t)) + b(1-\lambda)\|x''(t)\| - c\frac{\langle x'(t), x''(t)\rangle^2}{\|x'(t)\|\|x''(t)\|} - \delta_0(t)$$

où

$$\delta_0(t) = \frac{2}{r}(b + c\|v'(t)\| + c|M'(t)|)(\|v'(t)\| + |M'(t)|)$$
$$(\|v'''(t)\| + \epsilon|M'(t)| + |M'''(t)|).$$

Ainsi, en posant $\nu = \min_{\lambda \in [0,1]}\{\lambda + b(1-\lambda)\}$, $\beta = \frac{b}{\nu}$ et $\gamma = \frac{c}{\nu}$, on peut appliquer le Lemme 3.2.2 à $x' \in W^{2,1}([0, 1], \mathbb{R}^n)$ et ainsi, les conditions du Lemme 3.2.1 sont satisfaites. D'où l'existence d'une constante $K > 0$ telle que $\|x''\|_0 < K$ pour toute solution x de (3.1.1).

Si l'hypothèse $(H3.5)$ est satisfaite, alors par le Lemme 3.1.4

$$\begin{aligned}
\|x'''(t)\| =& \|\lambda f(t,x(t),x'(t),x''(t)) + \epsilon(1-\lambda)(x'(t) - v'(t)) \\
& + (1-\lambda)\bigl(v'''(t) + \frac{M'''(t)}{M'(t)}(x'(t) - v'(t))\bigr)\| \\
\leq & \lambda \|f(t,x(t),x'(t),x''(t))\| + \epsilon\|x'(t) - v'(t)\| + \|v'''(t)\| + |M'''(t)| \\
\leq & \lambda a(\langle x'(t), f(t,x(t),x'(t),x''(t))\rangle + \|x''(t)\|^2) + |l(t)| \\
& + \epsilon\|x'(t) - v'(t)\| + \|v'''(t)\| + |M'''(t)| \\
\leq & a(\langle x'(t), x'''(t)\rangle + \|x''(t)\|^2) + \epsilon|M'(t)| + \|v'''(t)\| + |M'''(t)| \\
& - a(1-\lambda)\langle x'(t), v'''(t) + \bigl(\frac{M'''(t)}{M(t)} + \epsilon\bigr)(x'(t) - v'(t))\rangle + |l(t)|
\end{aligned}$$

$$\leq a(\langle x'(t), x'''(t)\rangle + \|x''(t)\|^2) + \epsilon |M'(t)| + \|v'''(t)\| + |M'''(t)|$$
$$+ a(\|v'(t)\| + |M'(t)|)(\|v'''(t)\| + |M'''(t)| + \epsilon M(t)) + |l(t)|.$$

On peut donc appliquer le Lemme 3.2.3 à $x' \in W^{2,1}([0,1], \mathbb{R}^n)$. Ce dernier résultat combiné au Lemme 3.1.4 nous assure que les conditions du Lemme 3.2.1 sont satisfaites et conséquemment, la condition (i) du Théorème 3.1.1 $\square$

Théorème 3.2.5. *Soit* $f : [0,1] \times \mathbb{R}^{3n} \to \mathbb{R}^n$ *une fonction de Carathéodory. Si les hypothèses* $(H3.1)$ *et* $(H3.3)$ *sont satisfaites et si en plus, nous avons une des possibilités suivantes :*

(i) (BC) *désigne* (3.0.2) *avec* $\max\{\rho_0, \rho_1\} > 0$ *;*

(ii) l'hypothèse $(H3.4)$ *ou* $(H3.5)$ *est satisfaite.*

Alors le problème (3.0.1) *possède au moins une solution telle que* $x \in T_1(v, M)$.

DÉMONSTRATION. La conclusion découlera à nouveau du Théorème 3.1.1 si on arrive à montrer qu'il existe une constante $K > 0$ telle que $\|x''\|_0 < K$ pour toute solution x de (3.1.1).

Si (BC) désigne (3.0.2) avec $\max\{\rho_0, \rho_1\} > 0$, alors il est facile de vérifier qu'il existe une constante $k > 0$ telle que $\min\{\|x''(0)\|, \|x''(1)\|\} \leq k$.

D'autre part, si l'hypothèse $(H3.4)$ ou $(H3.5)$ est satisfaite, par le raisonnement du théorème précédent, nous savons qu'il existe une constante $k > 0$ telle que $\min_{t \in [0,1]} \|x''(t)\| \leq k$.

Soit $K > 0$ tel que

$$\int_k^K \frac{ds}{\phi(s)} > L := \|\gamma\|_{L^1([0,1],\mathbb{R})} + \epsilon \|M'\|_0 + \|v'''\|_{L^1([0,1],\mathbb{R}^n)} + \|M'''\|_{L^1([0,1],\mathbb{R})}.$$

S'il existe $t_1 \in [0,1]$ tel que $\|x''(t_1)\| \geq K$, alors par ce qui précède, il existe un $t_0 \neq t_1 \in [0,1]$ tel que $\|x''(t_0)\| = k$ et $\|x''(t)\| > k$ pour tout t entre t_0 et t_1. Sans perte de généralité, supposons que $t_0 < t_1$. On a que presque pour tout $t \in [t_0, t_1]$,

$$\|x''(t)\|' = \frac{\langle x''(t), x'''(t)\rangle}{\|x''(t)\|}.$$

Ainsi, par le Lemme 3.1.4 et par $(H3.3)$,

$$\|x''(t)\|' \leq \|x'''(t)\| \leq \|f(t, x(t), x'(t), x''(t)\| + \epsilon\|x'(t) - v'(t)\| + \|v'''(t)\| + |M'''(t)|$$
$$\leq \|\gamma(t)\|\phi(\|x''(t)\|) + \epsilon\|M'\|_0 + \|v'''(t)\| + |M'''(t)|.$$

Il en résulte que

$$\int_{t_0}^{t_1} \frac{\|x''(t)\|'}{\phi(\|x''(t)\|)} dt \leq L.$$

Pourtant, par hypothèse et par le Lemme 1.1.6, on obtient que

$$\int_{t_0}^{t_1} \frac{\|x''(t)\|'}{\phi(\|x''(t)\|)} dt = \int_{\|x''(t_0)\|}^{\|x''(t_1)\|} \frac{ds}{\phi(s)} \geq \int_k^K \frac{ds}{\phi(s)} > L;$$

ce qui contradictoire. Ainsi, pour toute solution x de (3.1.1), il existe un $K > 0$ tel que $\|x''(t)\| < K$, pour tout $t \in [0,1]$. $\square$

Clôturons cette section par un exemple nous permettant d'illustrer un des résultats présentés précédemment.

Exemple 3.2.6. Considérons le système

$$\begin{aligned} x'''(t) &= x''(t) + \|x''(t)\|(\|x'(t)\|^2 x(t) - \langle x(t), x'(t)\rangle x'(t)) - a \\ x(0) &= 0, A_0 x'(0) = 0, A_1 x'(1) + \rho_1 x''(1) = 0 \end{aligned} \tag{3.2.1}$$

où $a \in \mathbb{R}^n$, $\|a\| = 1$ et où les A_i et ρ_1 sont définis comme précédemment pour $i = \{0,1\}$. On peut vérifier que (v, M) est un tube-solution pour (3.2.1) avec $v \equiv 0$,

$M(t) = \frac{t^2}{2}$. Aussi, les hypothèses $(H3.2)$ et $(H3.4)$ sont satisfaites avec $\phi(s) = 3s + 1$, $\gamma(t) = 0$, $b = 1$, $c = 0$, $r > 0$ et $h(t) = \frac{2t}{r} + t^4$. Les hypothèses du Théorème 3.2.4 sont satisfaites. Ainsi, le problème possède au moins une solution x telle que $\|x(t)\| \leq \frac{t^2}{2}$ et $\|x'(t)\| \leq t$ pour tout $t \in [0,1]$.

3.3. Hypothèse de croissance de type Wintner-Nagumo

Introduisons maintenant une nouvelle hypothèse de croissance de type Wintner-Nagumo pour la fonction $f : [0,1] \times \mathbb{R}^{3n} \to \mathbb{R}^n$. Cette nouvelle hypothèse nous permettra d'obtenir un autre résultat d'existence qui généralise de plusieurs façons un résultat obtenu par Grossinho et Minhós [**34**] dans le cas d'une équation d'ordre trois.

(H3.6) Il existe une fonction mesurable au sens de Borel $\phi : [0,\infty[\to]0,\infty[$ et une fonction $\gamma \in L^1([0,1], \mathbb{R})$ telles que

(i) $\|f(t, x, y, z)\| \leq \phi(\|z\|)(\gamma(t) + \|z\|)$ presque pour tout $t \in [0,1]$ et pour tout $(x, y, z) \in \mathbb{R}^{3n}$ tels que $\|x - v(t)\| \leq M(t)$ et $\|y - v'(t)\| \leq M'(t)$;

(ii) pour tout $c \geq 0$, $\int_c^\infty \frac{ds}{\phi(s)} = \infty$.

Remarquons que cette nouvelle hypothèse est plus générale que l'hypothèse $(H3.3)$ étant donné que l'image ϕ peut être plus vaste et que le terme multipliant ϕ est supérieur à celui dans $(H3.3)$. Dans le nouveau résultat d'existence, nous remplacerons les hypothèses $(H3.2)$ ou $(H3.3)$ par $(H3.6)$ et alors, soit $(H3.4)$ ou $(H3.5)$ pourront être utilisées comme hypothèses supplémentaires. Cependant, pour y arriver, nous aurons besoin de la théorie des inclusions différentielles, ce qui demandera une modification du problème un peu plus complexe que dans la première section de ce chapitre.

Pour $\epsilon, \lambda \in [0,1]$, définissons tout d'abord la fonction multivoque

$$S_\lambda^\epsilon : [0,1] \times \mathbb{R}^{3n} \to \mathbb{R}^n$$

par

$$S_\lambda^\epsilon(t,x,y,z) := \widehat{f}_\lambda^\epsilon(t,x,y,z) + G_\lambda(t,x,y,z),$$

où la fonction $\widehat{f}_\lambda^\epsilon : [0,1] \times \mathbb{R}^{3n} \to \mathbb{R}^n$ est définie par :

$$\widehat{f}_\lambda^\epsilon(t,x,y,z) = \begin{cases} \lambda\left(\frac{M'(t)}{\|y-v'(t)\|}f_1(t,x,\hat{y},\tilde{z}) - \epsilon\hat{y}\right) \\ \quad -\epsilon(1-\lambda)v'(t), & \text{si } \|y-v'(t)\| > M'(t) > 0, \\ \lambda(f_1(t,x,y,z) - \epsilon y) - \epsilon(1-\lambda)v'(t), & \text{si } \|y-v'(t)\| \leq M'(t), \\ & \text{et } M'(t) > 0, \\ v'''(t) - \epsilon v'(t), & \text{si } M'(t) = 0 \, ; \end{cases}$$

et la fonction multivoque $G_\lambda : [0,1] \times \mathbb{R}^{3n} \to \mathbb{R}^n$ est définie par :

$$G_\lambda(t,x,y,z)$$

$$= \begin{cases} \left(\left(1-\frac{\lambda M'(t)}{\|y-v'(t)\|}\right)\left(M'''(t) + \frac{\langle y-v'(t), v'''(t)\rangle}{\|y-v'(t)\|}\right) \\ \quad +\frac{(1-\lambda)\left(M''(t)^2 - \|\tilde{z}-v''(t)\|^2\right)^+}{\|y-v'(t)\|}\right) \frac{(y-v'(t))}{\|y-v'(t)\|}, & \text{si } \|y-v'(t)\| > M'(t) > 0, \\ [0,(1-\lambda)]\left(M'''(t) + \frac{\langle y-v'(t), v'''(t)\rangle}{\|y-v'(t)\|}\right. \\ \quad \left.+\frac{M''(t)^2 - \|\tilde{z}-v''(t)\|^2}{\|y-v'(t)\|}\right)^+ \frac{(y-v'(t))}{\|y-v'(t)\|}, & \text{si } \|y-v'(t)\| = M'(t) > 0, \\ 0, & \text{si } \|y-v'(t)\| < M'(t) \\ & \text{ou } M'(t) = 0 \, ; \end{cases}$$

où (v, M) est toujours le tube-solution de (3.0.1) donné par (H3.1) et où la fonction f_1 ainsi que les variables $\hat{y}$ et $\tilde{z}$ sont définies comme à la section 3.1.

À S_λ^ϵ, nous allons associer l'opérateur multivoque

$$\mathcal{S}^\epsilon = \widehat{\mathcal{F}}^\epsilon + \mathcal{G} : C^2([0,1], \mathbb{R}^n) \times [0,1] \to L^1([0,1], \mathbb{R}^n)$$

où $\widehat{\mathcal{F}}^\epsilon$ et $\mathcal{G}$ sont respectivement définies par :

$$\widehat{\mathcal{F}}^\epsilon(x, \lambda)(t) = \widehat{f}_\lambda^\epsilon(t, x(t), x'(t), x''(t)),$$

$$\mathcal{G}(x, \lambda) := \{u \in L^1([0,1], \mathbb{R}^n) : u(t) \in G_\lambda(t, x(t), x'(t), x''(t)) \text{ p. p. } t \in [0,1]\}.$$

Proposition 3.3.1. *La fonction* $\widehat{G} : [0,1] \times \mathbb{R}^{3n} \times [0,1] \to \mathbb{R}^n$ *telle que*

$$\widehat{G}(t, x, y, z, \lambda) = G_\lambda(t, x, y, z)$$

est une fonction de Carathéodory à valeurs convexes, compactes et non vides.

DÉMONSTRATION. Fixons $\lambda \in [0,1]$. Il est clair que $G_\lambda(t, x, y, z)$ a des valeurs non vides, compactes et convexes et il est facile de vérifier que la fonction $t \mapsto G_\lambda(t, x, y, z)$ est mesurable pour tout $(x, y, z, \lambda) \in \mathbb{R}^{3n} \times [0,1]$.

Montrons maintenant que $(x, y, z, \lambda) \mapsto G_\lambda(t, x, y, z)$ est semi-continue supérieurement presque pour tout $t \in [0,1]$. Sans perte de généralité, on peut supposer que $M'''(t)$ et $v'''(t)$ sont bien définis pour tout $t \in [0,1]$. Pour $t \in \{t \in [0,1] : M'(t) = 0\}$, l'affirmation est évidente. Pour les autres cas, on veut montrer que l'ensemble $\widetilde{A} = \{(x, y, z, \lambda) \in \mathbb{R}^{3n} \times [0,1] : \widehat{G}(t, x, y, z, \lambda) \cap A \neq \emptyset\}$ est fermé pour un certain $A \subset \mathbb{R}^n$ fermé. Considérons une suite $\{u_n\}_{n \in \mathbb{N}}$ de $\widetilde{A}$ convergeant vers un élément $u = (x, y, z, \lambda)$. Si $\|y - v'(t)\| > M'(t) > 0$, pour n suffisamment grand, on a $\|y_n - v'(t)\| > M'(t) > 0$ et clairement, $\widehat{G}(t, x_n, y_n, z_n, \lambda_n) \to \widehat{G}(t, x, y, z, \lambda) \in A$ puisque A est fermé. De façon similaire, on peut vérifier que $\widehat{G}(t, x_n, y_n, z_n, \lambda_n) \to \widehat{G}(t, x, y, z, \lambda) \in A$ pour n suffisamment grand si $\|y_n - v'(t)\| < M'(t)$ et $M'(t) > 0$. Traitons maintenant le cas $\|y - v'(t)\| = M'(t) > 0$. S'il existe une sous-suite $\{y_{n_k}\}_{k \in \mathbb{N}}$ telle que $\|y_{n_k} - v'(t)\| > M'(t) > 0$, on utilise le même raisonnement que le cas précédent en remarquant que $\lambda_n M'(t)/\|y_{n_k} - v'(t)\| \to \lambda$. S'il existe une sous-suite $\{y_{n_k}\}_{k \in \mathbb{N}}$ telle que $\|y_{n_k} - v'(t)\| < M'(t)$, remarquons que $\widehat{G}(t, u_n) = 0 \in \widehat{G}(t, x, y, z, \lambda)$. Sinon, pour n suffisamment grand, $\|y_n - v'(t)\| = M'(t)$ et il existe un $\gamma_n \in [0, (1 - \lambda_n)] \subset [0, 1]$ tel que

$$w_n = \gamma_n \Big(M'''(t) + \frac{\langle y_n - v'(t), v'''(t)\rangle}{\|y_n - v'(t)\|} + \frac{M''(t)^2 - \|\tilde{z}_n - v''(t)\|^2}{\|y_n - v'(t)\|}\Big) + \frac{(y_n - v'(t))}{\|y_n - v'(t)\|} \in A.$$

Puisque $[0, 1]$ est compact, il existe une sous-suite $\{\gamma_{n_k}\}_{k \in \mathbb{N}}$ convergeant vers un élément $\tilde{\gamma} \in [0, (1 - \lambda)]$. Ainsi, $w_{n_k} \to w \in \widehat{G}(t, u) \cap A$, où

$$w = \tilde{\gamma}\Big(M'''(t) + \frac{\langle y - v'(t), v'''(t)\rangle}{\|y - v'(t)\|} + \frac{M''(t)^2 - \|\tilde{z} - v''(t)\|^2}{\|y - v'(t)\|}\Big) + \frac{(y - v'(t))}{\|y - v'(t)\|}.$$

Alors, $u \in \widetilde{A}$.

Reste à montrer la condition (iii) de la Définition 1.2.1. Remarquons que si $\|y - v'(t)\| > M'(t) > 0$ et $\|G(t, x, y, z, \lambda)\| > 0$, alors par $(H3.1)$ nous avons

$$\|\widehat{G}(t, x, y, z, \lambda)\|$$
$$= \big(1 - \frac{\lambda M'(t)}{\|y - v'(t)\|}\big)\big(M'''(t) + \frac{\langle y - v'(t), v'''(t)\rangle}{\|y - v'(t)\|}\big)$$

$$+ (1-\lambda)\Big(\frac{M''(t)^2 - \|\widetilde{z}''(t) - v''(t)\|^2}{\|y - v'(t)\|}\Big)$$

$$= (1-\lambda)\Big(\frac{\frac{\langle M'(t)(y-v'(t)), v'''(t)\rangle}{\|y-v'(t)\|} + M'''(t)M'(t) + M''(t)^2 - \|\widetilde{z} - v''(t)\|^2}{\|y - v'(t)\|}\Big)$$

$$+ \Big(1 - \frac{M'(t)}{\|y - v'(t)\|}\Big)\Big(\frac{\langle y - v'(t), v'''(t)\rangle}{\|y - v'(t)\|} + M'''(t)\Big)$$

$$\leq (1-\lambda)\frac{\langle \frac{M'(t)(y-v'(t))}{\|y-v'(t)\|}, f(t,\overline{x},\widehat{y},\widetilde{z})\rangle}{\|y - v'(t)\|} + \|v'''(t)\| + |M'''(t)|$$

$$\leq \|f(t,\overline{x},\widehat{y},\widetilde{z})\| + \|v'''(t)\| + |M'''(t)|.$$

De plus, si $\|y - v'(t)\| = M'(t) > 0$ et $\|\widehat{G}(t,x,y,z,\lambda)\| > 0$, puisque $M''(t)^2 \leq \|\widetilde{z} - v''(t)\|^2$, on a

$$\|\widehat{G}(t,x,y,z,\lambda)\| = \Big(M'''(t) + \frac{\langle y - v'(t), v'''(t)\rangle}{\|y - v'(t)\|}\Big)$$
$$+ \Big(\frac{M''(t)^2 - \|\widetilde{z}''(t) - v''(t)\|^2}{\|y - v'(t)\|}\Big) \leq \|v'''(t)\| + |M'''(t)|. \quad (3.3.1)$$

Ceci nous permet de conclure que $\widehat{G}$ est une fonction de Carathéodory. $\square$

À $\mathcal{S}^\epsilon : C^2([0,1], \mathbb{R}^n) \times [0,1] \to L^1([0,1], \mathbb{R}^n)$, on associe l'opérateur multivoque

$$N_{\mathcal{S}^\epsilon} : C^2([0,1], \mathbb{R}^n) \times [0,1] \to C_0([0,1], \mathbb{R}^n)$$

défini par :

$$N_{\mathcal{S}^\epsilon}(x,\lambda)(t) = \{w : w(t) = \int_0^t u(s)ds \text{ avec } u \in \mathcal{S}^\epsilon(x,\lambda)\}.$$

Proposition 3.3.2. *Soit $f : [0,1] \times \mathbb{R}^{3n} \to \mathbb{R}^n$ une fonction de Carathéodory et (v, M) un tube-solution de (3.0.1). L'opérateur $N_{\mathcal{S}^\epsilon}$ est semi-continue supérieurement, complètement continu, à valeurs compactes, convexes et non-vides.*

DÉMONSTRATION. En procédant comme à la Proposition 3.1.3, on peut montrer que l'opérateur $\widehat{\mathcal{F}}^\epsilon : C^2([0,1],\mathbb{R}^n) \times [0,1] \to L^1([0,1],\mathbb{R}^n)$ est continue et intégrablement borné sur les bornés. Il découle du Théorème 1.1.3 que l'opérateur univoque $\mathcal{N}_{\widehat{\mathcal{F}}^\epsilon}$ est continu et complètement continu.

D'autre part, les Propositions 1.2.8 et 3.3.1 impliquent que l'opérateur multivoque $\mathcal{N}_{\widehat{G}}$ est complètement continu, semi-continu supérieurement et à valeurs convexes, compactes, non-vides.

La conclusion découle de ce qui précède puisque

$$\mathcal{N}_{\mathcal{S}^\epsilon} = \mathcal{N}_{\widehat{\mathcal{F}}^\epsilon} + \mathcal{N}_{\widehat{G}}.$$

□

Considérons maintenant la famille de systèmes d'inclusions différentielles suivante en fonction du paramètre $\lambda \in [0,1]$.

$$\begin{aligned} x'''(t) - \epsilon x'(t) &\in S^\epsilon_\lambda(t, x(t), x'(t), x''(t)) \quad \text{p.p. } t \in [0,1], \\ x(0) &= x_0, x' \in (BC). \end{aligned} \quad (3.3.2)$$

Montrons que si x est solution du problème (3.3.2), le Lemme 3.0.7 nous permet d'obtenir une majoration a priori pour cette solution et sa dérivée première.

Lemme 3.3.3. *Soit $f : [0,1] \times \mathbb{R}^{3n} \to \mathbb{R}^n$ une fonction de Carathéodory. Si l'hypothèse $(H3.1)$ est satisfaite et si x est solution du problème (3.3.2), alors $x \in T_1(v, M)$.*

DÉMONSTRATION. Sur l'ensemble $\{t \in [0,1] : \|x'(t) - v'(t)\| > M'(t)\}$, nous avons comme précédemment que $\|\widehat{x'}(t) - v'(t)\| = M'(t)$,

$$\langle \widehat{x'}(t) - v'(t), \widetilde{x''}(t) - v''(t)\rangle = M'(t)M''(t) \text{ et que}$$

$$\|\widetilde{x''}(t) - v''(t)\|^2 = \|x''(t) - v''(t)\|^2 + (M''(t))^2 - \frac{\langle x'(t) - v'(t), x''(t) - v''(t)\rangle^2}{\|x'(t) - v'(t)\|^2}.$$

Par conséquent, en utilisant (H3.1) on a p.p. sur $\{t \in [0,1] : \|x'(t) - v'(t)\| > M'(t) > 0\}$,

$$\frac{\langle x'(t) - v'(t), x'''(t) - v'''(t)\rangle + \|x''(t) - v''(t)\|^2}{\|x'(t) - v'(t)\|}$$
$$- \frac{\langle x'(t) - v'(t), x''(t) - v''(t)\rangle^2}{\|x'(t) - v'(t)\|^3} - \epsilon\|x'(t) - v'(t)\|$$

$$
\begin{aligned}
&= \frac{\langle x'(t) - v'(t), \frac{\lambda M'(t)}{\|x'(t)-v'(t)\|}(f_1(t,x(t),\widehat{x'}(t),\widetilde{x''}(t)) - \epsilon(x'(t)-v'(t)))\rangle}{\|x'(t)-v'(t)\|} \\
&\quad + \frac{\langle x'(t)-v'(t), G_\lambda(t,x(t),x'(t),x''(t))\rangle}{\|x'(t)-v'(t)\|} \\
&\quad + \frac{\|\widetilde{x''}(t)-v''(t)\|^2 - (M''(t))^2}{\|x'(t)-v'(t)\|} - \frac{\langle x'(t)-v'(t), v'''(t)\rangle}{\|x'(t)-v'(t)\|} - \epsilon\|x'(t)-v'(t)\| \\
&= \frac{\lambda(\langle \widehat{x'}(t)-v'(t), f_1(t,x(t),\widehat{x'}(t),\widetilde{x''}(t))\rangle + \|\widetilde{x''}(t)-v''(t)\|^2 - (M''(t))^2)}{\|x'(t)-v'(t)\|} \\
&\quad + \frac{(1-\lambda)(\|\widetilde{x''}(t)-v''(t)\|^2 - (M''(t))^2)}{\|x'(t)-v'(t)\|} - \frac{\langle x'(t)-v'(t), v'''(t)\rangle}{\|x'(t)-v'(t)\|} \\
&\quad + \|G_\lambda(t,x(t),x'(t),x''(t))\| - \lambda\epsilon M'(t) \\
&\geq \frac{\lambda(M'(t)M'''(t) + \langle \widehat{x'}(t)-v'(t), v'''(t)\rangle)}{\|x'(t)-v'(t)\|} - \frac{\langle x'(t)-v'(t), v'''(t)\rangle}{\|x'(t)-v'(t)\|} \\
&\quad - \frac{(1-\lambda)(\|\widetilde{x''}(t)-v''(t)\|^2 - (M''(t))^2)}{\|x'(t)-v'(t)\|} + \|G_\lambda(t,x(t),x'(t),x''(t))\| - \epsilon M'(t).
\end{aligned}
$$

Posons

$$
\xi(t) = \frac{\lambda(M'(t)M'''(t) + \langle \widehat{x'}(t)-v'(t), v'''(t)\rangle)}{\|x'(t)-v'(t)\|} - \frac{\langle x'(t)-v'(t), v'''(t)\rangle}{\|x'(t)-v'(t)\|} \\
- \frac{(1-\lambda)(\|\widetilde{x''}(t)-v''(t)\|^2 - (M''(t))^2)}{\|x'(t)-v'(t)\|}.
$$

On peut vérifier que $\|G_\lambda(t,x(t),x'(t),x''(t))\| = (M'''(t) - \xi(t))^+$. Ainsi, on a

$$
\begin{aligned}
&\frac{\langle x'(t)-v'(t), x'''(t)-v'''(t)\rangle + \|x''(t)-v''(t)\|^2}{\|x'(t)-v'(t)\|} \\
&\quad - \frac{\langle x'(t)-v'(t), x''(t)-v''(t)\rangle^2}{\|x'(t)-v'(t)\|^3} - \epsilon\|x'(t)-v'(t)\| \\
&\geq \xi(t) + (M'''(t) - \xi(t))^+ - \epsilon M'(t) \geq M'''(t) - \epsilon M'(t).
\end{aligned}
$$

Presque partout sur $\{t \in [0,1] : \|x'(t) - v'(t)\| > M'(t) = 0\}$, $x'''(t) = v'''(t) + \epsilon(x'(t) - v'(t))$ et donc,

$$\frac{\langle x'(t) - v'(t), x'''(t) - v'''(t)\rangle + \|x''(t) - v''(t)\|^2}{\|x'(t) - v'(t)\|}$$
$$- \frac{\langle x'(t) - v'(t), x''(t) - v''(t)\rangle^2}{\|x'(t) - v'(t)\|^3} - \epsilon\|x'(t) - v'(t)\|$$
$$\geq 0 = M'''(t) - \epsilon M'(t)$$

par le Lemme 1.1.5. Ainsi, par le Lemme 3.0.7, pour toute solution de (3.3.2), on a $\|x'(t) - v'(t)\| \leq M'(t)$, pour tout $t \in [0,1]$ et a fortiori, $\|x(t) - v(t)\| \leq M(t)$ pour tout $t \in [0,1]$. □

Pour démontrer le résultat principal de cette section, il faut appliquer la version multivoque de la théorie du degré de Leray-Schauder. Pour arriver à nos fins, nous devons d'abord démontrer l'existence d'une constante $K > 0$ telle que $\|x''\|_0 < K$ pour toute solution x du problème (3.3.2). Afin d'y arriver, introduisons les trois lemmes suivants.

Lemme 3.3.4. *Si* $f : [0,1] \times \mathbb{R}^{3n} \to \mathbb{R}^n$ *est de Carathéodory et si les hypothèses* $(H3.1)$, $(H3.6)$ *sont satisfaites, alors pour toute solution x de (3.3.2), nous avons que*

$$\|x'''(t)\| \leq 2\phi(\|x''(t)\|)(\gamma(t) + \|x''(t)\|) + \epsilon\|M'\|_0$$

presque pour tout $t \in [0,1]$.

DÉMONSTRATION. Puisque x est solution de (3.3.2), alors nous avons par le Lemme 3.3.3 que $x \in T_1(v, M)$ et donc,

$$\|x'''(t)\| \leq \|f(t, x(t), x'(t), x''(t))\| + \epsilon\|x'(t) - v'(t)\|$$

p.p. sur $\{t \in [0,1] : \|x'(t) - v'(t)\| < M'(t)\}$, alors que p.p. sur $\{t \in [0,1] : \|x'(t) - v'(t)\| = M'(t)\}$,

$$\begin{aligned}\|x'''(t)\| \leq &\|f(t, x(t), x'(t), x''(t))\| + \epsilon\|x'(t) - v'(t)\| \\ &+ \Big\|\Big(\big(M'''(t) + \frac{\langle x'(t) - v'(t), v'''(t)\rangle}{\|x'(t) - v'(t)\|}\big) \\ &+ \big(\frac{M''(t)^2 - \|\widetilde{x}''(t) - v''(t)\|^2}{\|x'(t) - v'(t)\|}\big)\Big)\frac{(x'(t) - v'(t))}{\|x'(t) - v'(t)\|}\Big\|.\end{aligned}$$

En vertu de $(H3.1)$ et du Lemme 1.1.5, presque partout sur

$$\Big\{ t \in [0,1] : \|x'(t) - v'(t)\| = M'(t) \text{ et}$$
$$\Big(\big(M'''(t) + \frac{\langle x'(t) - v'(t), v'''(t)\rangle}{\|x'(t) - v'(t)\|}\big) + \big(\frac{M''(t)^2 - \|\widetilde{x}''(t) - v''(t)\|^2}{\|x'(t) - v'(t)\|}\big)\Big)^+ > 0 \Big\},$$

on a

$$\Big\| \Big(\big(M'''(t) + \frac{\langle x'(t) - v'(t), v'''(t)\rangle}{\|x'(t) - v'(t)\|}\big)$$
$$+ \big(\frac{M''(t)^2 - \|\widetilde{x}''(t) - v''(t)\|^2}{\|x'(t) - v'(t)\|}\big)\Big)^+ \frac{(x'(t) - v'(t))}{\|x'(t) - v'(t)\|} \Big\|$$
$$= \Big(\big(M'''(t) + \frac{\langle x'(t) - v'(t), v'''(t)\rangle}{\|x'(t) - v'(t)\|}\big) + \big(\frac{M''(t)^2 - \|\widetilde{x}''(t) - v''(t)\|^2}{\|x'(t) - v'(t)\|}\big)\Big)$$
$$\leq \frac{\langle x'(t) - v'(t), f(t, x(t), x'(t), \widetilde{x}''(t))\rangle}{\|x'(t) - v'(t)\|}$$
$$\leq \|f(t, x(t), x'(t), \widetilde{x}''(t))\| = \|f(t, x(t), x'(t), x''(t))\|.$$

Ainsi, de $(H3.6)$ et de ce qui précède, on déduit

$$\|x'''(t)\| \leq 2\phi(\|x''(t)\|)(\gamma(t) + \|x''(t)\|) + \epsilon\|M'\|_0.$$

$\square$

Lemme 3.3.5. *Si* $f : [0,1] \times \mathbb{R}^{3n} \to \mathbb{R}^n$ *est de Carathéodory et si les hypothèses* $(H3.1)$, $(H3.4)$ *sont satisfaites, alors pour toute solution* x *de* (3.3.2), *nous avons qu'il existe des constantes* $b_0 > 0$, $c_0 \geq 0$ *et une fonction* $\delta_0 \in L^1([0,1], \mathbb{R})$ *telles que*

$$(b_0 + c_0\|x'(t)\|)\sigma_0(t, x') \geq \|x'(t)\| - \delta_0(t)$$

presque partout sur $\{t \in [0,1] : \|x''(t)\| \geq r\}$ *où r est donné dans* $(H3.4)$ *et où* σ_0 *est définie dans le Lemme 3.2.2.*

DÉMONSTRATION. Si x est une solution de (3.3.2), par le Lemme 3.3.3, il existe une fonction $u \in L^1([0,1], \mathbb{R}^n)$ où $u(t) \in G_\lambda(t, x(t), x'(t), x''(t))$ presque pour tout $t \in [0,1]$ telle que

$$\begin{aligned}
&(b+c\|x'(t)\|)\sigma_0(t, x') \\
&= (b + c\|x'(t)\|)\Big(\frac{\langle x'(t), x'''(t)\rangle + \|x''(t)\|^2}{\|x''(t)\|} - \frac{\langle x''(t), x'''(t)\rangle\langle x'(t), x''(t)\rangle}{\|x''(t)\|^3}\Big) \\
&= \lambda(b+c\|x'(t)\|)\sigma(t, x(t), x'(t), x''(t)) + (1-\lambda)(b + c\|x'(t)\|)\|x''(t)\| \\
&\quad + (b + c\|x'(t)\|)\Big(\epsilon(1-\lambda)\Big(\frac{\langle x'(t), x'(t) - v'(t)\rangle}{\|x''(t)\|} \\
&\quad - \frac{\langle x''(t), x'(t) - v'(t)\rangle\langle x'(t), x''(t)\rangle}{\|x''(t)\|^3}\Big) + \frac{\langle x'(t), u(t)\rangle}{\|x''(t)\|} \\
&\quad - \frac{\langle x''(t), u(t)\rangle\langle x'(t), x''(t)\rangle}{\|x''(t)\|^3}\Big)
\end{aligned}$$

En vertu de l'hypothèse $(H3.4)$, il en résulte que
p.p. $t \in \{t \in [0,1] : \|x''(t)\| \geq r\}$,

$$\begin{aligned}
&(b+c\|x'(t)\|)\sigma_0(t, x') \geq (\lambda + b(1-\lambda))\|x''(t)\| - \lambda h(t) \\
&- 2(b + c(\|x'(t)\|)\Big(\epsilon\frac{\|x'(t)\|(\|x'(t) - v'(t)\| + \|u(t)\|)}{r}\Big).
\end{aligned}$$

Par l'inéquation (3.3.1) et le Lemme 3.3.3 on a que

$$\begin{aligned}
&(b+c\|x'(t)\|)\sigma_0(t, x') \geq (\lambda + b(1-\lambda))\|x''(t)\| - \lambda h(t) \\
&- \frac{2}{r}(b + c(\|v'(t)\| + M'(t)))(\epsilon(\|v'(t)\| + M'(t))(M'(t) + \|v'''(t)\| + |M'''(t)|)).
\end{aligned}$$

Posons $\nu = \min_{\lambda \in [0,1]}\{\lambda + (1-\lambda)b\}$. On remarque que le lemme est démontré en choisissant $b_0 = \frac{b}{\nu}$, $c_0 = \frac{c}{\nu}$ et

$$\nu \delta_0(t) = -\lambda h(t)$$
$$-\frac{2}{r}(b + c(\|v'(t)\| + M'(t)))(\epsilon(\|v'(t)\| + M'(t))(M'(t) + \|v'''(t)\| + |M'''(t)|)).$$

□

Lemme 3.3.6. *Si $f : [0,1] \times \mathbb{R}^{3n} \to \mathbb{R}^n$ est de Carathéodory et si les hypothèses $(H3.1)$, $(H3.5)$ sont satisfaites, alors pour toute solution x de (3.3.2), il existe une fonction $m_0 \in L^1([0,1], \mathbb{R})$ telle que*

$$\|x'''(t)\| \leq a(\langle x'(t), x'''(t)\rangle + \|x''(t)\|^2) + m_0(t)$$

presque pour tout $t \in [0,1]$ et où a est donnée dans $(H3.5)$.

DÉMONSTRATION. Si x est une solution de (3.3.2), alors en vertu de $(H3.5)$, de l'inéquation (3.3.1) et du Lemme 3.3.3, il existe une fonction $u \in L^1([0,1], \mathbb{R}^n)$ où $u(t) \in G_\lambda(t, x(t), x'(t), x''(t))$ et presque pour tout $t \in [0,1]$,

$$\|x'''(t)\| = \|\lambda f(t, x(t), x'(t), x''(t)) + \epsilon(1-\lambda)(x'(t) - v'(t)) + u(t)\|$$
$$\leq \lambda \|f(t, x(t), x'(t), x''(t))\| + \epsilon(1-\lambda)\|x'(t) - v'(t)\| + \|v'''(t)\| + |M'''(t)|$$
$$\leq a\lambda(\langle x'(t), f(t, x(t), x'(t), x''(t))\rangle + \|x''(t)\|^2) + |l(t)|$$
$$+ \epsilon M'(t) + \|v'''(t)\| + |M'''(t)|$$
$$\leq a(\langle x'(t), x'''(t)\rangle + \|x''(t)\|^2) + |l(t)| + \epsilon M'(t) + \|v'''(t)\| + |M'''(t)|$$
$$+ a\|x'(t)\|(\epsilon M'(t) + \|v'''(t)\| + |M'''(t)|).$$

On peut donc voir facilement que l'énoncé est vérifié. $\square$

Nous avons maintenant tous les outils nécessaires pour démontrer le théorème de cette section.

Théorème 3.3.7. *Soit* $f : [0,1] \times \mathbb{R}^{3n} \to \mathbb{R}^n$ *une fonction de Carathéodory. Si les hypothèses* $(H3.1)$, $(H3.4)$ *(ou* $(H3.5)$*) et* $(H3.6)$ *sont satisfaites, alors le problème* (3.0.1) *possède au moins une solution telle que* $x \in T_1(v, M) \cap W^{3,1}([0,1], \mathbb{R}^n)$.

DÉMONSTRATION. Pour démontrer l'existence d'une constante $K > 0$ telle que $\|x''\|_0 < K$, nous allons appliquer le Lemme 3.2.1 à $x' \in W^{2,1}([0,1], \mathbb{R}^n)$.

Tout d'abord, si l'hypothèse $(H3.4)$ est satisfaite, la combinaison des Lemmes 3.3.5 et 3.2.2 nous assure que les conditions (i) et (ii) du Lemme 3.2.1 sont satisfaites.

Si l'hypothèse $(H3.5)$ est satisfaite, c'est la combinaison des Lemmes 3.3.6 et 3.2.3 qui nous assure que les conditions (i) et (ii) du Lemme 3.2.1 sont satisfaites.

En ce qui a trait à la condition (iii), remarquons que le Lemme 3.3.4 nous permet de conclure que

$$|\langle x''(t), x'''(t)\rangle| \leq \|x''(t)\|(2\phi(\|x''(t)\|) + \epsilon(\|M'\|_0))(\gamma(t) + \|x''(t)\| + 1)$$

presque partout sur $[0,1]$. En ayant préalablement choisi $\epsilon \in [0,1]$ suffisamment petit, l'hypothèse $(H3.6)$ nous assure que

$$\int_r^\infty \frac{sds}{s(2\phi(s) + \epsilon\|M'\|_0)} = \infty$$

pour tout $r > 0$ et ainsi, toutes les conditions du Lemme 3.2.1 sont satisfaites.

Une solution de (3.3.2) sera un point fixe de l'opérateur multivoque

$$D^{-1} \circ L_\epsilon^{-1} \circ N_{\mathcal{S}^\epsilon} : \overline{U} \times [0,1] \to C^2_{x_0,B}([0,1], \mathbb{R}^n) \subset C^2([0,1], \mathbb{R}^n)$$

où

$$U = \{x \in C^2([0,1], \mathbb{R}^n) : \|x^{(i)}\|_0 < \|v^{(i)}\|_0 + \|M^{(i)}\|_0; i = 0, 1; \|x''\|_0 < K\}.$$

Le reste de la preuve est analogue à celle du Théorème 3.1.1 en utilisant la théorie du degré de Leray-Schauder pour des applications multivoques semi-continues supérieurement, compactes, à valeurs non vides, compactes et convexes.

$\square$

Exemple 3.3.8. Considérons le système

$$\begin{aligned} x'''(t) &= \phi(\|x''(t)\|)\langle x(t), x'(t)\rangle^2 x''(t) \\ x(0) &= 0, x'(0) = 0, x''(1) = a \end{aligned} \quad (3.3.3)$$

où $\|a\| = 1$ et $\phi : [0, \infty[\to]0, \infty[$ est une fonction mesurable au sens de Borel telle que pour tout $c \geq 0$, $\int_c^\infty \frac{ds}{\phi(s)} = \infty$. On peut vérifier que $v(t) \equiv 0$, $M(t) = \frac{\|a\|t^2}{2}$ est un tube-solution pour (3.3.3). De plus, $(H3.4)$ est satisfaite avec $b = 1$, $c = 0$ et $h(t) \equiv 0$. Puisqu'il est aisé de vérifier $(H3.6)$, en vertu du Théorème 3.3.7, le système (3.3.3) a au moins une solution x telle que $\|x(t)\| \leq \frac{\|a\|t^2}{2}$ et $\|x'(t)\| \leq \|a\|t$ pour tout $t \in [0,1]$.

Remarque 3.3.9. Dans le cas scalaire, rappelons l'hypothèse de croissance imposée à $f : [0, 1] \times \mathbb{R}^3 \to \mathbb{R}$ dans [34].

(H3.6S) Pour une constante $a > 0$ donnée, il existe une fonction continue $h : [0, \infty[\to [a, \infty[$ telle que

(i) $|f(t, x, y, z)| \leq h(|z|)$ pour tout $t \in [0, 1]$ et pour tout $(x, y, z) \in \mathbb{R}^3$ tel que $\alpha(t) \leq x \leq \beta(t)$ et $\alpha'(t) \leq y \leq \beta'(t)$;

(ii) $\int_0^\infty \frac{sds}{h(s)} = \infty$.

Cette hypothèse est un cas particulier de l'hypothèse $(H3.6)$. En effet, il suffit de poser

$$\gamma(t) \equiv 1 \quad \text{et} \quad \phi(s) := \begin{cases} \frac{h(s)}{s} & \text{si } s \neq 0, \\ h(0) & \text{si } s = 0. \end{cases}$$

De plus, on remarque que l'hypothèse $(H3.4)$ est trivialement satisfaite et comme nous l'avons fait remarquer précédemment, l'hypothèse $(H3.1)$ implique l'existence d'une sous-solution de la forme $\alpha = v - M$ et une sur-solution de la forme $\beta = v + M$ satisfaisant aux définitions de sous- et de sur-solutions introduites dans [34]. Le théorème précédent généralise donc le théorème de Grossinho et Minhós aux systèmes d'équations et il va beaucoup plus loin. En effet, f peut maintenant être de Carathéodory et non seulement continue. De plus, les conditions aux limites que nous avons traités sont plus nombreuses que dans leur cas et bien sûr, l'hypothèse de croissance imposée à f est plus générale.

Remarque 3.3.10. Plus récemment, Grossinho et Minhós [35] ont réutilisé le même raisonnement que dans [34] pour montrer un théorème d'existence pour une équation d'ordre $m > 3$ du même type que (3.0.1) mais où $x^{(i)}(0) = 0$ pour $i = 0, 1, ..., m - 3$ et où $x^{(m-2)}$ satisfait la condition aux bords (3.0.2). Nous pourrions facilement étendre le théorème précédent au cas d'ordre $m > 3$ avec $x^{(i)}(0) = x_i \in \mathbb{R}^n$ pour

$i = 0, 1, ..., m - 3$ et où $x^{(m-2)}$ satisfait les conditions aux bords (3.0.2) ou (3.0.3). Nous savons ainsi que le résultat présenté dans [**35**] est généralisable aux systèmes. Cependant, puisque le raisonnement reste le même que ce que nous venons de présenter dans les sections précédentes de ce chapitre, nous avons cru bon de nous en tenir au cas $m = 3$, afin de ne pas alourdir inutilement la notation.

Chapitre 4

EXISTENCE DE SOLUTIONS POUR DES SYSTÈMES D'ÉQUATIONS AUX ÉCHELLES DE TEMPS DU PREMIER ORDRE

Dans ce chapitre, nous établirons des théorèmes d'existence pour les systèmes suivants.

$$\begin{aligned} x^\Delta(t) &= f(t, x(t)), \quad \text{pour tout } t \in \mathbb{T}^\kappa, \\ x(a) &= x(b). \end{aligned} \qquad (4.0.1)$$

$$\begin{aligned} x^\Delta(t) &= f(t, x(\sigma(t))), \quad \text{pour tout } t \in \mathbb{T}^\kappa, \\ x &\in (BC). \end{aligned} \qquad (4.0.2)$$

Ici, $\mathbb{T}$ est une échelle de temps bornée où on notera $a = \min \mathbb{T}$, $b = \max \mathbb{T}$ et $\mathbb{T}_0 = \mathbb{T} \setminus \{b\}$. De plus, $f : \mathbb{T}^\kappa \times \mathbb{R}^n \to \mathbb{R}^n$ est une fonction continue et (BC) désigne une des conditions de bord suivantes :

$$x(a) = x_0; \qquad (4.0.3)$$

$$x(a) = x(b). \qquad (4.0.4)$$

4.1. Théorème d'existence pour le problème (4.0.1)

Voici la notion de tube-solution pour le problème (4.0.1). Cette hypothèse sera cruciale dans l'obtention du résultat d'existence.

Définition 4.1.1. Soit $(v, M) \in C^1_{rd}(\mathbb{T}, \mathbb{R}^n) \times C^1_{rd}(\mathbb{T}, [0, \infty))$. On dira que (v, M) est un *tube-solution* de (4.0.1) si

(i) $\langle x - v(t), f(t,x) - v^\Delta(t) \rangle \geq M(t) M^\Delta(t)$ pour tout $t \in \mathbb{T}^\kappa$ et tout $x \in \mathbb{R}^n$ tel que $\|x - v(t)\| = M(t)$;

(ii) $v^\Delta(t) = f(t, v(t))$ et $M^\Delta(t) = 0$ pour tout $t \in \mathbb{T}^\kappa$ tel que $M(t) = 0$;

(iii) $\|v(b) - v(a)\| \leq M(b) - M(a)$.

Nous imposons l'hypothèse suivante :
(H4.1) Il existe (v, M) un tube-solution de (4.0.1).

Considérons le problème modifié suivant :

$$x^\Delta(t) - x(t) = f(t, \overline{x}(t)) - \overline{x}(t), \quad \text{pour tout } t \in \mathbb{T}^\kappa,$$
$$x(a) = x(b). \tag{4.1.1}$$

où

$$\overline{x}(t) = \begin{cases} \frac{M(t)}{\|x - v(t)\|}(x - v(t)) + v(t) & \text{si } \|x - v(t)\| > M(t) \\ x & \text{sinon.} \end{cases} \tag{4.1.2}$$

Définissons l'opérateur $T_{P*} : C(\mathbb{T}, \mathbb{R}^n) \to C(\mathbb{T}, \mathbb{R}^n)$ par

$$T_{P*}(x)(t) = e_1(t,a)\Big[\frac{e_1(b,a)}{1-e_1(b,a)}\int_{[a,b)\cap\mathbb{T}}\frac{(f(s,\overline{x}(s))-\overline{x}(s))}{e_1(\sigma(s),a)}\Delta s$$
$$+ \int_{[a,t)\cap\mathbb{T}}\frac{(f(s,\overline{x}(s))-\overline{x}(s))}{e_1(\sigma(s),a)}\Delta s\Big].$$

où la fonction $e_1(\cdot, a)$ est définie en (2.5.1).

Proposition 4.1.2. *Soit* $f : \mathbb{T}^\kappa \times \mathbb{R}^n \to \mathbb{R}^n$ *une fonction continue. Si l'hypothèse* $(H4.1)$ *est satisfaite, alors l'opérateur* $T_{P*} : C(\mathbb{T}, \mathbb{R}^n) \to C(\mathbb{T}, \mathbb{R}^n)$ *est compact.*

DÉMONSTRATION. Montrons tout d'abord la continuité de l'opérateur. Soit $\{x_n\}_{n\in\mathbb{N}}$ une suite de $C(\mathbb{T}, \mathbb{R}^n)$ convergeant vers un élément $x \in C(\mathbb{T}, \mathbb{R}^n)$. Remarquons en vertu de la Proposition 2.3.7 que

$$\|T_{P*}(x_n)(t) - T_{P*}(x)(t)\|$$
$$\leq \|e_1(t,a)\|(1+C)\Big\|\int_{[a,b)\cap\mathbb{T}}\frac{(f(s,\overline{x_n}(s))-f(s,\overline{x}(s)))-(\overline{x_n}(s)-\overline{x}(s))}{e_1(\sigma(s),a)}\Delta s\Big\|$$
$$\leq \frac{K(1+C)}{M}\Big(\int_{[a,b)\cap\mathbb{T}}(\|f(s,\overline{x_n}(s))-f(s,\overline{x}(s))\|+\|\overline{x_n}(s)-\overline{x}(s)\|)\Delta s\Big).$$

où $K := \max_{t\in\mathbb{T}}|e_1(t,a)|$, $M := \min_{t_1\in\mathbb{T}}|e_1(t_1,a)|$ et $C := \|\frac{e_1(b,a)}{1-e_1(b,a)}\|$.

Puisqu'il existe une constante $R > 0$ telle que $\|\overline{x}\|_{C(\mathbb{T},\mathbb{R}^n)} < R$, il existe un indice N tel que $\|\overline{x_n}\|_{C(\mathbb{T},\mathbb{R}^n)} \leq R$ pour tout $n > N$. Ainsi, f est uniformément continue sur $\mathbb{T}^\kappa \times B_R(0)$. Donc, pour $\epsilon > 0$ donné, il existe un $\delta > 0$ tel que pour tous $x, y \in \mathbb{R}^n$ où

$$\|x-y\| < \delta < \frac{\epsilon M}{2K(1+C)(b-a)}, \quad \|f(s,y)-f(s,x)\| < \frac{\epsilon M}{2K(1+C)(b-a)}$$

et ce, pour tout $s \in \mathbb{T}^\kappa$. Par hypothèse, il est possible de trouver un indice $\hat{N} > N$ tel que $\|\overline{x_n} - \overline{x}\|_{C(\mathbb{T},\mathbb{R}^n)} < \delta$ pour $n > \hat{N}$. Dans ce cas,

$$\|T_{P*}(x_n)(t) - T_{P*}(x)(t)\| < 2\frac{K(1+C)}{M}\int_{[a,b)\cap\mathbb{T}}\frac{\epsilon M}{2K(1+C)(b-a)}\Delta s \leq \epsilon,$$

ce qui nous convainc de la continuité de T_{P*}.

Montrons maintenant que l'ensemble $T_{P*}(C(\mathbb{T},\mathbb{R}^n))$ est relativement compact. Considérons une suite $\{y_n\}_{n\in\mathbb{N}}$ de $T_{P*}(C(\mathbb{T},\mathbb{R}^n))$. Pour tout $n \in \mathbb{N}$, il existe un $x_n \in C(\mathbb{T},\mathbb{R}^n)$ tel que $y_n = T_{P*}(x_n)$. Remarquons, en vertu de la Proposition 2.3.7, que

$$\|T_{P*}(x_n)(t)\| \leq \frac{K(1+C)}{M}\Big(\int_{[a,b)\cap\mathbb{T}}\|f(s,\overline{x_n}(s))\|\Delta s + \int_{[a,b)\cap\mathbb{T}}\|\overline{x_n}(s)\|\Delta s\Big).$$

Par définition, il existe un $R > 0$ tel que $\|\overline{x_n}(s)\| \leq R$ pour tout $s \in \mathbb{T}$ et tout $n \in \mathbb{N}$. La fonction f étant compacte sur $\mathbb{T}^\kappa \times B_R(0)$, nous pouvons déduire l'existence d'une constante $A > 0$ telle que $\|f(s,\overline{x_n}(s))\| \leq A$ pour tout $s \in \mathbb{T}^\kappa$ et tout $n \in \mathbb{N}$. Ainsi, il est évident que la suite $\{y_n\}_{n\in\mathbb{N}}$ sera uniformément bornée. Remarquons également par ce qui précède que pour des nombres $t_1, t_2 \in \mathbb{T}$,

$$\|T_{P*}(x_n)(t_2) - T_{P*}(x_n)(t_1)\|$$
$$\leq B\|e_1(t_2,a) - e_1(t_1,a)\| + K\Big\|\int_{[t_1,t_2)\cap\mathbb{T}}\frac{(f(s,\overline{x_n}(s)) - \overline{x_n}(s))}{e_1(\sigma(s),a)}\Delta s\Big\|$$
$$< B\|e_1(t_2,a) - e_1(t_1,a)\| + \frac{K(A+R)}{M}|t_2 - t_1|.$$

où B est une constante pouvant être choisie de sorte qu'elle soit supérieure à

$$\sup_{n\in\mathbb{N}}\left\|\frac{e_1(b,a)}{1-e_1(b,a)}\int_{[a,b)\cap\mathbb{T}}\frac{(f(s,\overline{x_n}(s)) - \overline{x_n}(s))}{e_1(\sigma(s),a)}\Delta s + \int_{[a,t_1)\cap\mathbb{T}}\frac{(f(s,\overline{x_n}(s)) - \overline{x_n}(s))}{e_1(\sigma(s),a)}\Delta s\right\|.$$

Ceci nous convainc que la suite $\{y_n\}_{n\in\mathbb{N}}$ est aussi équicontinue et en vertu du théorème d'Arzelà-Ascoli dont la preuve s'adapte aisément si l'espace considéré est $C(\mathbb{T}, \mathbb{R}^n)$ au lieu de $C([a,b], \mathbb{R}^n)$, $\{y_n\}_{n\in\mathbb{N}}$ possède une sous-suite convergente. Ainsi, T_{P*} est compact. $\square$

Nous pouvons maintenant démontrer le théorème d'existence.

Théorème 4.1.3. *Si l'hypothèse* $(H4.1)$ *est satisfaite, alors le problème* (4.0.1) *possède une solution* $x \in C_{rd}^1(\mathbb{T}, \mathbb{R}^n) \cap T(v, M)$.

DÉMONSTRATION. En vertu de la Proposition 4.1.2, l'opérateur T_{P*} est compact. Ainsi, par le Théorème du point fixe de Schauder, T_{P*} admet un point fixe. Le Théorème 2.5.3 nous assure que ce point fixe est une solution du problème (4.1.1). Il suffit donc de démontrer que pour toute solution x de (4.1.1), $x \in T(v, M)$.

Considérons l'ensemble $A = \{t \in \mathbb{T}^\kappa : \|x(t) - v(t)\| > M(t)\}$. Si $t \in A$ est dense à droite, alors en vertu de l'Exemple 2.2.5

$$\left(\|x(t) - v(t)\| - M(t)\right)^\Delta = \frac{\langle x(t) - v(t), x^\Delta(t) - v^\Delta(t)\rangle}{\|x(t) - v(t)\|} - M^\Delta(t).$$

Si $t \in A$ est dispersé à droite, nous avons que

$$\bigl(\|x(t)-v(t)\|-M(t)\bigr)^{\Delta}$$
$$=\frac{\|x(\sigma(t))-v(\sigma(t))\|-\|x(t)-v(t)\|}{\mu(t)}-M^{\Delta}(t)$$
$$=\frac{\|x(\sigma(t))-v(\sigma(t))\|\|x(t)-v(t)\|-\|x(t)-v(t)\|^{2}}{\mu(t)\|x(t)-v(t)\|}-M^{\Delta}(t)$$
$$\geq\frac{\langle x(t)-v(t),x(\sigma(t))-v(\sigma(t))-(x(t)-v(t))\rangle}{\mu(t)\|x(t)-v(t)\|}-M^{\Delta}(t)$$
$$=\frac{\langle x(t)-v(t),x^{\Delta}(t)-v^{\Delta}(t)\rangle}{\|x(t)-v(t)\|}-M^{\Delta}(t).$$

Nous allons montrer que si $t \in A$, alors $\bigl(\|x(t)-v(t)\|-M(t)\bigr)^{\Delta} > 0$. Si $t \in A$ et $M(t) > 0$, alors par hypothèse du tube-solution

$$\bigl(\|x(t)-v(t)\|-M(t)\bigr)^{\Delta}$$
$$\geq \frac{\langle x(t)-v(t), f(t,\overline{x}(t))+(x(t)-\overline{x}(t))-v^{\Delta}(t)\rangle}{\|x(t)-v(t)\|}-M^{\Delta}(t)$$
$$=\frac{\langle \overline{x}(t)-v(t), f(t,\overline{x}(t))-v^{\Delta}(t)\rangle}{M(t)}$$
$$-(M(t)-\|x(t)-v(t)\|)-M^{\Delta}(t)$$
$$> \frac{M(t)M^{\Delta}(t)}{M(t)}-M^{\Delta}(t)=0.$$

De plus, si $M(t) = 0$, alors par hypothèse du tube-solution

$$\left(\|x(t) - v(t)\| - M(t)\right)^\Delta$$
$$\geq \frac{\langle x(t) - v(t), f(t, \overline{x}(t)) + (x(t) - \overline{x}(t)) - v^\Delta(t)\rangle}{\|x(t) - v(t)\|} - M^\Delta(t)$$
$$= \frac{\langle x(t) - v(t), f(t, v(t)) - v^\Delta(t)\rangle}{\|x(t) - v(t)\|}$$
$$+ (\|x(t) - v(t)\|) - M^\Delta(t)$$
$$> 0.$$

En posant $r(t) = \|x(t) - v(t)\| - M(t)$, il en résulte que $r^\Delta(t) > 0$ pour tout $t \in \{t \in \mathbb{T}^\kappa : r(t) > 0\}$. De plus, par hypothèse du tube-solution, remarquons que $r(b) - r(a) \leq \|v(b) - v(a)\| - (M(b) - M(a)) \leq 0$. Ainsi, les hypothèses du Lemme 2.7.2 sont satisfaites, ce qui démontre le théorème. $\square$

Un théorème d'existence est démontré pour le problème (4.0.1) dans [17]. Nous énonçons ce résultat qui utilise une hypothèse différente de la nôtre.

Théorème 4.1.4. *Soit $f : \mathbb{T}^\kappa \times \mathbb{R}^n \to \mathbb{R}^n$ une fonction continue. S'il existe des constantes non-négatives α et K telles que*
$$\frac{\|f(t, p) - p\|}{h(t)} \leq 2\alpha \langle p, f(t, p)\rangle + K$$
pour tout $(t, p) \in \mathbb{T}^\kappa \times \mathbb{R}^n$ où $h : \mathbb{T} \to \mathbb{R}$ définie par $h(t) := \exp\left(\int_a^{\sigma(t)} \xi_{-1}(\mu(s))\Delta s\right)$ avec
$$\xi_{-1}(\mu(s)) = \begin{cases} -1, & \text{si } \mu(s) = 0 \\ \frac{\log(1-\mu(s))}{\mu(s)}, & \text{sinon.} \end{cases}$$
est telle que $h(t) \neq 1$, alors le problème (4.0.1) possède une solution.

Dans l'énoncé du précédent résultat, remarquons que la fonction $h(t)$ n'existe pas si $\mu(t) = 1$. Ce résultat s'applique donc seulement aux échelles de temps $\mathbb{T}$ telles que $\mu(t) \neq 1$ pour tout $t \in \mathbb{T}$. L'exemple suivant démontre que ce dernier théorème a ses limites et que notre hypothèse de tube-solution permet d'obtenir l'existence d'une solution pour de nouveaux types de systèmes.

Exemple 4.1.5. Considérons le système

$$\begin{cases} x^\Delta(t) = -a_1\|x(t)\|^2 x(t) + a_2 x(t) - a_3 \phi(t) & t \in \mathbb{T}^\kappa \\ x(a) = x(b) \end{cases}$$

où a_1, a_2, a_3 sont des constantes réelles positives choisies de sorte que $-a_1 + a_2 - a_3 = 0$ et où $\phi : \mathbb{T}^\kappa \to \mathbb{R}^n$ est une fonction continue telle que $\|\phi(t)\| = 1$ pour tout $t \in \mathbb{T}^\kappa$.

Montrons tout d'abord que ce système ne peut satisfaire les hypothèses du théorème précédent. Supposons au contraire qu'il existe des constantes non-négatives α et K telles que

$$\frac{\|-a_1\|x\|^2 x + a_2 x - a_3 \phi(t) - x\|}{h(t)} \leq 2\alpha \langle x, -a_1\|x\|^2 x + a_2 x - a_3 \phi(t) \rangle + K$$

pour tout $(t, x) \in \mathbb{T}^\kappa \times \mathbb{R}^n$.

En posant $N := \max_{t \in \mathbb{T}} \|h(t)\|$, il y aurait alors existence de constantes positives α et K telles que

$$\frac{\|-a_1\|x\|^2 x + a_2 x - a_3 \phi(t) - x\|}{N} \leq 2\alpha \langle x, -a_1\|x\|^2 x + a_2 x - a_3 \phi(t) \rangle + K$$

pour tout $(t, x) \in \mathbb{T}^\kappa \times \mathbb{R}^n$.

Ainsi,

$$\frac{-a_1\|x\|^3}{N} + \frac{a_2\|x\|}{N} - \frac{a_3}{N} - \frac{\|x\|}{N} \leq -2a_1 \alpha \|x\|^4 + 2a_2 \alpha \|x\|^2 + 2a_3 \alpha \|x\| + K.$$

Par conséquent, on obtient que

$$p_\alpha(\|x\|) = 2a_1\alpha\|x\|^4 + b\|x\|^3 + c\|x\|^2 + d\|x\| + e \leq K$$

pour tout $x \in \mathbb{R}^n$ où $b = \frac{-a_1}{N}$, $c = -2a_2\alpha$, $d = -2a_3\alpha + \frac{a_2}{N} - \frac{1}{N}$ et $e = -\frac{a_3}{N}$. Puisque $\lim_{\|x\|\to\infty} p_\alpha(\|x\|) \to \infty$, cela contredit la supposition de départ. Ainsi, ce système ne satisfait pas l'hypothèse principale du théorème.

En revanche, en prenant $v = 0$ et $M = 1$, on obtient un tube-solution adéquat pour notre problème et en vertu du Théorème 4.1.3, le problème possède une solution x telle que $\|x(t)\| \leq 1$ pour tout $t \in \mathbb{T}$. Ainsi, notre théorème d'existence permet d'élargir la gamme de systèmes d'équations aux échelles de temps du premier ordre possédant une solution.

Dans le cas particulier où $\mathbb{T} = \{0, 1, ..., N, N+1\}$ avec $N \in \mathbb{Z}$ et où $f : \mathbb{T}^\kappa \times \mathbb{R}^n \to \mathbb{R}^n$ est continue, l'hypothèse du tube-solution nous assure de l'existence d'une solution pour des systèmes d'équations aux différences finies de la forme

$$\begin{aligned}\Delta x(t) &= f(t, x(t)), \quad \text{pour tout } t \in \{0, 1, ..., N\},\\ x(0) &= x(N+1),\end{aligned} \quad (4.1.3)$$

où $\Delta x(t) = x(t+1) - x(t)$.

Un théorème d'existence est démontré pour ce dernier problème dans [57]. Nous énonçons ce résultat qui couvre le cas $\mathbb{T} = [a, b] \cap \mathbb{Z}$ que n'incluait pas le Théorème 4.1.4.

Théorème 4.1.6. *Soit* $f : \{0, 1, ..., N\} \times \mathbb{R}^n \to \mathbb{R}^n$ *une fonction continue. S'il existe des constantes non-négatives* α *et* K *telles que*

$$\frac{\|f(t,p) - p\|}{2^{t+1}} \leq 2\alpha\langle p, f(t,p)\rangle + K$$

pour tout $(t,p) \in \{0, 1, ..., N\} \times \mathbb{R}^n$ alors le problème (4.1.3) *possède une solution.*

En vertu de l'exemple précédent, nous savons que ce dernier théorème a également ses limites et que l'hypothèse de tube-solution permet d'obtenir l'existence d'une solution pour de nouveaux types de systèmes.

Si nous considérons maintenant le problème (4.1.3) comme une équation avec $n = 1$ et f ne dépendant que de la fonction $x(t)$, alors le tube-solution de la Définition 4.1.1 généralise les notions de sous- et sur-solutions α et β introduites dans [9] lorsque $\alpha(t) \leq \beta(t)$ pour tout $t \in \{0, 1, ..., N, N+1\}$. Rappelons ces définitions.

Définition 4.1.7. Un vecteur $\beta = (\beta(0), \beta(1), ..., \beta(N+1)) \in \mathbb{R}^{(N+2)}$ (resp. $\alpha = (\alpha(0), \alpha(1), ..., \alpha(N+1)) \in \mathbb{R}^{(N+2)}$) est appelé une *sur-solution* (resp. une *sous-solution*) de (4.1.3) pour f ne dépendant que de x si pour tout $t \in \{0, 1, ..., N, N+1\}$, $f(\beta(t)) \geq \Delta\beta(t)$ (resp. $f(\alpha(t)) \leq \Delta\alpha(t)$) et si $\beta(0) = \beta(N+1)$ (resp. $\alpha(0) = \alpha(N+1)$).

La Définition 4.1.1 généralise la définition précédente, car dans cette dernière, il aurait suffit de supposer que $\beta(0) \geq \beta(N+1)$ et que $\alpha(0) \leq \alpha(N+1)$. On peut énoncer le Théorème 5 de [9] comme un corollaire du Théorème 4.1.3.

Corollaire 4.1.8. *Si l'équation* (4.1.3) *pour f ne dépendant que de la fonction $x(t)$ possède une sous-solution α et une sur-solution β telles que $\alpha(t) \leq \beta(t)$ pour tout $t \in \{0, 1, ..., N, N+1\}$, alors cette équation possède une solution $x = (x(0), x(1), ..., x(N+1)) \in \mathbb{R}^{(N+2)}$ telle que $\alpha(t) \leq x(t) \leq \beta(t)$ pour tout $t \in \{0, 1, ..., N, N+1\}$.*

4.2. Théorème d'existence pour le problème (4.0.2)

La notion de tube-solution pour le problème (4.0.2) sera légèrement différente de la Définition 4.1.1.

Définition 4.2.1. Soit $(v, M) \in C^1_{rd}(\mathbb{T}, \mathbb{R}^n) \times C^1_{rd}(\mathbb{T}, [0, \infty))$. On dira que (v, M) est un *tube-solution* de (4.0.2) si

(i) $\langle x - v(\sigma(t)), f(t,x) - v^\Delta(t) \rangle \leq M(\sigma(t))M^\Delta(t)$ pour tout $t \in \mathbb{T}^\kappa$ et tout $x \in \mathbb{R}^n$ tel que $\|x - v(\sigma(t))\| = M(\sigma(t))$;

(ii) $v^\Delta(t) = f(t, v(\sigma(t)))$ et $M(t) = 0$ pour tout $t \in \mathbb{T}^\kappa$ tel que $M(\sigma(t)) = 0$;

(iii) Si (BC) représente (4.0.3), $\|x_0 - v(a)\| \leq M(a)$; si (BC) représente (4.0.4), alors $\|v(b) - v(a)\| \leq M(a) - M(b)$.

En suivant un raisonnement similaire à la section précédente, nous pouvons obtenir le résultat suivant.

Théorème 4.2.2. *S'il existe un tube-solution (v, M) de (4.0.2), alors le problème (4.0.2) possède une solution $x \in C^1_{rd}(\mathbb{T}, \mathbb{R}^n) \cap T(v, M)$.*

Pour y arriver, il suffit d'utiliser le problème modifié suivant.

$$x^\Delta(t) + x(\sigma(t)) = f(t, \overline{x}(\sigma(t))) + \overline{x}(\sigma(t)), \quad \text{pour tout } t \in \mathbb{T}^\kappa,$$
$$x \in (BC).$$
(4.2.1)

Ensuite, on démontre que les opérateurs $T_I : C(\mathbb{T}, \mathbb{R}^n) \to C(\mathbb{T}, \mathbb{R}^n)$ et $T_P : C(\mathbb{T}, \mathbb{R}^n) \to C(\mathbb{T}, \mathbb{R}^n)$ tels que

$$T_I(x)(t) = e_1(a,t)\Big(x_0 + \int_{[a,t)\cap\mathbb{T}} (f(s, \overline{x}(s)) + \overline{x}(s))e_1(s,a)\Delta s\Big),$$

et

$$T_P(x)(t) = \frac{1}{e_1(t,a)} \Big[\frac{1}{e_1(b,a)-1} \int_{[a,b)\cap \mathbb{T}} (f(s,\overline{x}(s)) + \overline{x}(s))e_1(s,a)\Delta s$$
$$+ \int_{[a,t)\cap \mathbb{T}} (f(s,\overline{x}(s)) + \overline{x}(s))e_1(s,a)\Delta s \Big].$$

sont compacts.

Finalement, on démontre que toute solution du problème (4.0.2) est élément de $T(v, M)$ à l'aide du Lemme 2.7.1.

Des théorèmes d'existence ont été démontrés dans [**60**] pour le problème (4.0.2), (4.0.3) en utilisant une hypothèse différente de la nôtre. Lorsque f est bornée, nous pouvons utiliser directement le théorème du point fixe de Schauder pour prouver l'existence d'une solution à (4.0.2),(4.0.3) et il n'est donc pas nécessaire de faire la majoration a priori des solutions dans ce cas. Montrons que dans le cas où f est non-bornée, les Théorèmes 4.7 et 4.8 de [**60**] sont des corollaires de notre théorème d'existence.

Corollaire 4.2.3. *Soit* $f : \mathbb{T}^\kappa \times \mathbb{R}^n \to \mathbb{R}^n$ *une fonction continue et non-bornée. S'il existe des constantes non-négatives L et N telles que*

$$\|f(t,p)\| \leq -2L\langle p, f(t,p)\rangle + N$$

pour tout $t \in \mathbb{T}^\kappa$ *et tout* $p \in \mathbb{R}^n$, *alors le problème* (4.0.2),(4.0.3) *possède au moins une solution.*

DÉMONSTRATION. On supposera que $L > 0$ car sinon, on se ramène au cas où f est bornée. Dans ce cas, par hypothèse, il existe une constante $K := \frac{N}{2L}$ telle que

$\langle p, f(t,p) \rangle \leq K$. Définissons la fonction $M : \mathbb{T} \to [0, \infty)$ telle que

$$M(t) := \|x_0\| + 1 + \int_{[a,t) \cap \mathbb{T}} K \Delta s.$$

Ainsi, $M^\Delta(t) = K$ pour tout $t \in \mathbb{T}$ et donc,

$$\langle p, f(t,p) \rangle \leq K \leq M^\Delta(t) M(\sigma(t))$$

pour tout $t \in \mathbb{T}$ et tout $p \in \mathbb{R}^n$. Ainsi, en prenant $v = 0$, on obtient un tube-solution (v, M) adéquat pour notre problème et en vertu du Théorème 4.2.2, le problème possède une solution x telle que $\|x(t)\| \leq \|x_0\| + 1 + K(t-a)$ pour tout $t \in \mathbb{T}$. $\square$

Corollaire 4.2.4. *Soit $f : \mathbb{T}^\kappa \times \mathbb{R}^n \to \mathbb{R}^n$ une fonction continue et non-bornée. S'il une constante non-négative K telle que*

$$\langle p, f(t,p) \rangle \leq K$$

pour tout $t \in \mathbb{T}$ et tout $p \in \mathbb{R}^n$, alors le problème (4.0.2),(4.0.3) possède au moins une solution.

DÉMONSTRATION. La preuve suit le même raisonnement que dans le corollaire précédent. $\square$

Chapitre 5

EXISTENCE DE SOLUTIONS POUR DES SYSTÈMES D'INCLUSIONS AUX ÉCHELLES DE TEMPS DU PREMIER ORDRE

Dans ce chapitre, nous établirons un théorème d'existence pour le système suivant.

$$x^\Delta(t) \in F(t, x(\sigma(t))), \quad \Delta\text{-p.p. } t \in \mathbb{T}_0,$$
$$x \in (BC).$$
(5.0.1)

Ici, $\mathbb{T}$ est une échelle de temps bornée où on notera $a = \min \mathbb{T}$, $b = \max \mathbb{T}$ et $\mathbb{T}_0 = \mathbb{T} \backslash \{b\}$. De plus, $F : \mathbb{T}_0 \times \mathbb{R}^n \to \mathbb{R}^n$ est une fonction multivoque à valeurs non vides satisfaisant des conditions qui seront précisées plus loin et (BC) désigne une des conditions de bord suivantes :

$$x(a) = x_0;$$
(5.0.2)

$$x(a) = x(b).$$
(5.0.3)

5.1. Théorème d'existence

Une solution du problème sera une fonction $x \in W^{1,1}_\Delta(\mathbb{T}, \mathbb{R}^n)$ satisfaisant (5.0.1). Introduisons la notion de tube-solution pour le problème (5.0.1). C'est à partir de cette notion que nous obtiendrons notre résultat d'existence.

Définition 5.1.1. Soit $(v, M) \in W^{1,1}_\Delta(\mathbb{T}, \mathbb{R}^n) \times W^{1,1}_\Delta(\mathbb{T}, [0, \infty))$. On dira que (v, M) est un *tube-solution* de (5.0.1) si

(i) Δ-p.p. $t \in \mathbb{T}_0$ et tout $x \in \mathbb{R}^n$ tel que $\|x - v(\sigma(t))\| = M(\sigma(t))$, il existe $\delta > 0$ tel que pour tout $u \in \mathbb{R}^n$ tel que $\|u - x\| < \delta$ et $\|u - v(\sigma(t))\| \geq M(\sigma(t))$, il existe $y \in F(t, u)$ tel que
$$\langle u - v(\sigma(t)), y - v^\Delta(t)\rangle \leq M^\Delta(t)\|u - v(\sigma(t))\|;$$

(ii) $v^\Delta(t) \in F(t, v(\sigma(t)))$ Δ-p.p. $t \in \mathbb{T}_0$ tel que $M(\sigma(t)) = 0$;

(iii) $M(t) = 0$ pour tout $t \in \mathbb{T}_0$ tel que $M(\sigma(t)) = 0$;

(iv) Si (BC) représente (5.0.2), $\|x_0 - v(a)\| \leq M(a)$; si (BC) représente (5.0.3), alors $\|v(b) - v(a)\| \leq M(a) - M(b)$.

On notera
$$T(v, M) = \{x \in W^{1,1}_\Delta(\mathbb{T}, \mathbb{R}^n) : \|x(t) - v(t)\| \leq M(t) \text{ pour tout } t \in \mathbb{T}\}.$$

Nos résultats reposent sur les hypothèses suivantes.

(F1) $F : \mathbb{T}_0 \times \mathbb{R}^n \to \mathbb{R}^n$ est une application multivoque à valeurs convexes et compactes telle que $t \mapsto F(t, x)$ est Δ-mesurable pour tout $x \in \mathbb{R}^n$ et $x \mapsto F(t, x)$ est s.c.s. Δ-p.p. $t \in \mathbb{T}_0$.

(F2) Pour tout $r > 0$, il existe une fonction $h_r \in L^1_\Delta(\mathbb{T}_0, [0, \infty))$ telle que
$$\max\{\|y\| : y \in F(t, x), \|x\| \leq r\} \leq h_r(t) \ \Delta\text{-p.p. } t \in \mathbb{T}_0.$$

Afin de démontrer le théorème d'existence, nous aurons recours à un problème modifié judicieusement choisi. Introduisons les applications appropriées.

Soit (v, M) un tube-solution de (5.0.1). Définissons

$$F_u : \mathbb{T}_0 \times \mathbb{R}^n \to \mathbb{R}^n \text{ par } F_u = \widetilde{F} \cap G_u,$$

où

$$\widetilde{F}(t, x) = F(t, \overline{x}(\sigma(t)));$$

$$G_u(t, x) = \begin{cases} v^\Delta(t) & \text{si } M(\sigma(t)) = 0 \\ \mathbb{R}^n & \text{si } \|x - v(\sigma(t))\| \leq M(\sigma(t)) \\ & \text{et } M(\sigma(t)) > 0 \\ \{z : \langle x - v(\sigma(t)), z - v^\Delta(t) \rangle \\ \leq M^\Delta(t)\|x - v(\sigma(t))\|\}, & \text{sinon.} \end{cases}$$

avec

$$\overline{x}(s) = \begin{cases} \frac{M(s)}{\|x-v(s)\|}(x - v(s)) + v(s) & \text{si } \|x - v(s)\| > M(s) \\ x & \text{sinon.} \end{cases} \quad (5.1.1)$$

Remarquons que pour tout $\|x - v(\sigma(t))\| > M(\sigma(t)) > 0$,

$$G_u(t, x) = G_u(t, \overline{x}_\theta(\sigma(t))) \quad \forall \theta \in [0, 1[, \quad (5.1.2)$$

où $\overline{x}_\theta(\sigma(t)) = \theta \overline{x}(\sigma(t)) + (1-\theta)x$. En effet, pour $\theta \in [0, 1[$,

$$G_u(t, x) = \{z : \langle x - v(\sigma(t)), z - v^\Delta(t) \rangle \leq M^\Delta(t)\|x - v(\sigma(t))\|\}$$
$$= \{z : \langle \overline{x}_\theta(\sigma(t)) - v(\sigma(t)), z - v^\Delta(t) \rangle \leq M^\Delta(t)\|\overline{x}_\theta(\sigma(t)) - v(\sigma(t))\|\}$$
$$= G_u(t, \overline{x}_\theta(\sigma(t)))$$

car $\|\bar{x}_\theta(\sigma(t)) - v(\sigma(t))\| > M(\sigma(t))$ et

$$\bar{x}_\theta(\sigma(t)) - v(\sigma(t)) = \left(1 - \theta + \frac{\theta M(\sigma(t))}{\|x - v(\sigma(t))\|}\right)(x - v(\sigma(t))).$$

Nous allons considérer le problème modifié suivant.

$$x^\Delta(t) + x(\sigma(t)) \in F_u(t, x(\sigma(t))) + \bar{x}(\sigma(t)), \quad \Delta\text{-p.p. } t \in \mathbb{T}_0,$$
$$x \in (BC). \tag{5.1.3}$$

Avant de démontrer le théorème d'existence, nous devons prouver les trois résultats suivants.

Proposition 5.1.2. *La fonction $G_u : \mathbb{T}_0 \times \mathbb{R}^n \to \mathbb{R}^n$ définie ci-haut est à graphe fermé par rapport à x Δ-presque pour tout $t \in \mathbb{T}_0$, Δ-mesurable par rapport à t pour tout $x \in \mathbb{R}^n$ et à valeurs convexes, fermées et non vides.*

DÉMONSTRATION. On peut facilement vérifier que G_u est à valeurs convexes, fermées et non vides. Pour montrer que G_u est à graphe fermé par rapport à x et Δ-mesurable par rapport à t pour tout $x \in \mathbb{R}^n$, on utilise le même raisonnement que dans la preuve de la Proposition 5.3 de [45]. □

Définissons l'opérateur multivoque $\mathcal{F} : C(\mathbb{T}, \mathbb{R}^n) \to L^1_\Delta(\mathbb{T}_0, \mathbb{R}^n)$ par

$$\mathcal{F}(x) = \{w \in L^1_\Delta(\mathbb{T}_0, \mathbb{R}^n) : w(t) \in F_u(t, x(\sigma(t))) \text{ } \Delta\text{-p.p. } t \in \mathbb{T}_0\}.$$

Proposition 5.1.3. *Si* (F1) *et* (F2) *sont satisfaites, $\mathcal{F}$ est intégrablement borné et à valeurs convexes, non vides.*

DÉMONSTRATION. Soit $x \in C(\mathbb{T}, \mathbb{R}^n)$. Il existe $\{x_m\}_{m \in \mathbb{N}}$ une suite de fonctions simples telles que $\|x_m(\sigma(t)) - v(\sigma(t))\| > M(\sigma(t))$ Δ-p.p. sur $\{t : \|x(\sigma(t)) - $

$v(\sigma(t))\| > M(\sigma(t))\}$ et telles que $x_m \to \overline{x}$ dans $C(\mathbb{T}, \mathbb{R}^n)$. Puisque les fonctions multivoques $t \mapsto F(t,y)$ et $t \mapsto G_u(t,y)$ sont Δ-mesurables pour tout $y \in \mathbb{R}^n$, les fonctions multivoques $t \mapsto F(t, x_m(\sigma(t)))$ et $t \mapsto G_u(t, x_m(\sigma(t)))$ le sont aussi pour tout $m \in \mathbb{N}$.

Il découle du Théorème 1.2.5 que pour tout $m \in \mathbb{N}$,

$$t \mapsto F(t, x_m(\sigma(t))) \cap G_u(t, x_m(\sigma(t)))$$

est Δ-mesurable. Cette fonction peut toutefois avoir certaines valeurs vides.

La Proposition 1.2.2 implique que pour tout $k \in \mathbb{N}$,

$$t \mapsto \bigcup_{m \geq k} \Big(F(t, x_m(\sigma(t))) \cap G_u(t, x_m(\sigma(t))) \Big)$$

est Δ-mesurable.

La Définition 5.1.1(i) nous assure que cette fonction est à valeurs non-vides Δ-presque partout sur $\{t : M(\sigma(t)) \neq 0\}$. En effet, Δ-presque partout sur

$\{t : M(\sigma(t)) \neq 0$

et $\|\overline{x}(\sigma(t)) - v(\sigma(t))\| < M(\sigma(t))\}$, pour $m \geq k$ assez grand, $\|x_m(\sigma(t)) - v(\sigma(t))\| < M(\sigma(t))$ et

$$F(t, x_m(\sigma(t))) \cap G_u(t, x_m(\sigma(t))) = F(t, x_m(\sigma(t))) \cap \mathbb{R}^n \neq \emptyset.$$

D'autre part, pour Δ-presque tout $t \in \{t : M(\sigma(t)) \neq 0$ et $\|\overline{x}(\sigma(t)) - v(\sigma(t))\| = M(\sigma(t))\}$, s'il existe $m \geq k$ tel que $\|x_m(\sigma(t)) - v(\sigma(t))\| \leq M(\sigma(t))$ alors comme précédemment, $F(t, x_m(\sigma(t))) \cap G_u(t, x_m(\sigma(t))) \neq \emptyset$. Sinon, il existe $\delta > 0$ donné par la Définition 5.1.1(i) et $m \geq k$ assez grand tel que

$$\|x_m(\sigma(t)) - \overline{x}(\sigma(t))\| < \delta, \quad \|x_m(\sigma(t)) - v(\sigma(t))\| > M(\sigma(t)),$$

et il existe $z \in F(t, x_m(\sigma(t)))$ tel que

$$\langle x_m(\sigma(t)) - v(\sigma(t)), z - v^\Delta(t) \rangle \leq \|x_m(\sigma(t)) - v(\sigma(t))\| \, M^\Delta(t),$$

i.e. $z \in F(t, x_m(\sigma(t))) \cap G_u(t, x_m(\sigma(t)))$.

Maintenant, il découle de la Proposition 1.2.3 et des Théorèmes 1.2.4 et 1.2.5 que

$$t \mapsto \bigcap_{k \in \mathbb{N}} \overline{\bigcup_{m \geq k} \Big(F(t, x_m(\sigma(t))) \cap G_u(t, x_m(\sigma(t))) \Big)}$$

est Δ-mesurable et donc

$$t \mapsto \Gamma(t) = \begin{cases} \bigcap_{k \in \mathbb{N}} \overline{\bigcup_{m \geq k} \Big(F(t, x_m(\sigma(t))) \cap G_u(t, x_m(\sigma(t))) \Big)} & \text{si } t \in \{t : M(\sigma(t)) \neq 0\} \\ v^\Delta(t) & \text{si } t \in \{t : M(\sigma(t)) = 0\}, \end{cases}$$

est Δ-mesurable à valeurs compactes, non vides. Finalement, le Théorème 1.2.6 garantit l'existence w une sélection Δ-mesurable de Γ.

Montrons que $w \in \mathcal{F}(x)$. Puisque $w(t) \in \Gamma(t)$ Δ-p.p., pour tout $k \in \mathbb{N}$,

$$w(t) \in \overline{\bigcup_{m \geq k} \Big(F(t, x_m(\sigma(t))) \cap G_u(t, x_m(\sigma(t))) \Big)} \quad \Delta\text{-p.p. dans } \{t : M(\sigma(t)) \neq 0\}.$$

Donc, pour Δ-presque tout $t \in \{t : M(\sigma(t)) \neq 0\}$, il existe une sous-suite

$$u_{m_l}(t) \in F(t, x_{m_l}(\sigma(t))) \cap G_u(t, x_{m_l}(\sigma(t)))$$

telle que $u_{m_l}(t) \to w(t)$. Si $\|x(\sigma(t)) - v(\sigma(t))\| \leq M(\sigma(t))$, puisque $y \mapsto F(t, y)$ et $y \mapsto G_u(t, y)$ sont à graphe fermé et que $x_{m_l}(\sigma(t)) \to \overline{x}(\sigma(t)) = x(\sigma(t))$, on déduit que

$$w(t) \in F(t, \overline{x}(\sigma(t))) \cap G_u(t, x(\sigma(t))) = F_u(t, x(\sigma(t))).$$

Par contre, si $\|x(\sigma(t)) - v(\sigma(t))\| > M(\sigma(t))$, puisque $x_{m_l}(\sigma(t)) \to \overline{x}(\sigma(t))$, il existe une suite $\{y_{m_l}\}$ telle que

$$y_{m_l} \to x(\sigma(t))$$

et
$$x_{m_l}(\sigma(t)) = \theta_{m_l}\overline{x}_{m_l}(\sigma(t))+(1-\theta_{m_l})y_{m_l} = \overline{(y_{m_l})}_{\theta_{m_l}}(\sigma(t)) \quad \text{pour un certain } \theta_{m_l} \in [0,1[.$$

Par (5.1.2)
$$u_{m_l}(t) \in F(t, x_{m_l}(\sigma(t))) \cap G_u(t, x_{m_l}(\sigma(t))) = F(t, x_{m_l}(\sigma(t))) \cap G_u(t, y_{m_l}).$$

De nouveau, le fait que $y \mapsto F(t,y)$ et $y \mapsto G_u(t,y)$ soient à graphe fermé et la convergence de $x_{m_l}(\sigma(t)) \to \overline{x}(\sigma(t))$ et de $y_{m_l} \to x(\sigma(t))$ nous permet de déduire que
$$w(t) \in F(t, \overline{x}(\sigma(t))) \cap G_u(t, x(\sigma(t))) = F_u(t, x(\sigma(t))).$$

Par ailleurs, la Définition 5.1.1(ii) implique que Δ-p.p. sur $\{t : M(\sigma(t)) = 0\}$,
$$w(t) = v^\Delta(t) \in F(t, \overline{x}(\sigma(t))) \cap G_u(t, x(\sigma(t))) = F_u(t, x(\sigma(t))).$$

Ce qui nous permet de conclure que $w \in \mathcal{F}(x)$ puisque l'hypothèse (F2) nous assure que $w \in L^1_\Delta(\mathbb{T}_0, \mathbb{R}^n)$.

La convexité de $\mathcal{F}(x)$ découle directement de la convexité des valeurs de F et de G_u.

Finalement, $\mathcal{F}(x)$ est intégrablement borné car l'hypothèse (F2) garantit l'existence de $h := h_r \in L^1_\Delta(\mathbb{T}_0, [0,\infty))$ avec $r = \max\{\|v(t)\| + M(t) : t \in \mathbb{T}\}$ tel que pour tout $x \in C(\mathbb{T}, \mathbb{R}^n)$ et tout $w \in \mathcal{F}(x)$,
$$\|w(t)\| \le h(t) \quad \Delta\text{-p.p. } t \in \mathbb{T}_0.$$

□

Définissons l'opérateur multivoque $T_I : C(\mathbb{T}, \mathbb{R}^n) \to C(\mathbb{T}, \mathbb{R}^n)$ par
$$T_I(x) = \Big\{u \in C(\mathbb{T}, \mathbb{R}^n) : u(t) = e_1(a,t)\Big(x_0 + \int_{[a,t)\cap\mathbb{T}} e_1(s,a)\big(w(s)+\overline{x}(\sigma(s))\big)\Delta(s)\Big),$$
$$\text{où } w \in \mathcal{F}(x)\Big\}.$$

Théorème 5.1.4. *Si* $(F1)$ *et* $(F2)$ *sont satisfaites et si* $(v, M) \in W_\Delta^{1,1}(\mathbb{T}, \mathbb{R}^n) \times W_\Delta^{1,1}(\mathbb{T}, [0, \infty))$ *est un tube-solution de* (5.0.1), (5.0.2), *alors l'opérateur* $T_I : C(\mathbb{T}, \mathbb{R}^n) \to C(\mathbb{T}, \mathbb{R}^n)$ *est compact, s.c.s., à valeurs convexes, compactes et non vides.*

DÉMONSTRATION. Soit $x \in C(\mathbb{T}, \mathbb{R}^n)$. Il est clair que $T_I(x)$ est convexe et non vide car $\mathcal{F}(x)$ l'est aussi par la proposition précédente.

Cette même proposition nous assure que $\mathcal{F}$ est intégrablement borné, i.e. qu'il existe $h \in L_\Delta^1(\mathbb{T}_0, [0, \infty))$ tel que

$$\|w(t)\| \leq h(t) \quad \Delta\text{-p.p. sur } \mathbb{T} \quad \forall w \in \mathcal{F}(x), \forall x \in C(\mathbb{T}, \mathbb{R}^n). \tag{5.1.4}$$

Posons $r = \max\{\|v(t)\| + M(t) : t \in \mathbb{T}\}$ et $K = \max\{|e_1(t, s)| : t, s \in \mathbb{T}\}$. Pour montrer que $T_I(C(\mathbb{T}, \mathbb{R}^n))$ est borné, il suffit de remarquer que pour tout $u \in T_I(C(\mathbb{T}, \mathbb{R}^n))$,

$$\|u(t)\| \leq K\Big(\|x_0\| + \int_{[a,b) \cap \mathbb{T}} K(r + h(s))\Delta(s)\Big) \quad \forall t \in \mathbb{T}.$$

Aussi, pour tout $t > \tau \in \mathbb{T}$,

$$\|u(t) - u(\tau)\| \leq \|x_0\| \, |e_1(a, t) - e_1(a, \tau)|$$
$$+ |e_1(a, t) - e_1(a, \tau)| \Big| \int_{[a,\tau) \cap \mathbb{T}} e_1(s, a)\big(w(s) + \overline{x}(\sigma(s))\big)\Delta(s) \Big|$$
$$+ |e_1(a, \tau)| \Big| \int_{[\tau, t) \cap \mathbb{T}} e_1(s, a)\big(w(s) + \overline{x}(\sigma(s))\big)\Delta(s) \Big|$$
$$\leq |e_1(a, t) - e_1(a, \tau)| \Big(\|x_0\| + \int_{[a,b) \cap \mathbb{T}} K\big(h(s) + r\big)\Delta(s)\Big)$$
$$+ K^2 \int_{[\tau, t) \cap \mathbb{T}} h(s) + r \, \Delta(s).$$

D'où l'équicontinuité de $T_I(C(\mathbb{T}, \mathbb{R}^n))$ car

$$t \mapsto e_1(a,t) \quad \text{et} \quad t \mapsto \int_{[a,t)\cap\mathbb{T}} h(s) + r\,\Delta(s)$$

sont continues sur $\mathbb{T}$. En adaptant la preuve du théorème d'Arzela-Ascoli à ce contexte, on déduit que $T_I(C(\mathbb{T}, \mathbb{R}^n))$ est relativement compact dans $C(\mathbb{T}, \mathbb{R}^n)$.

Montrons maintenant que T_I est à graphe fermé. Soient $\{x_m\}$ et $\{u_m\}$ des suites convergentes dans $C(\mathbb{T}, \mathbb{R}^n)$ telles que $x_m \to x$, $u_m \to u$ et $u_m \in T_I(x_m)$. Soit $w_m \in \mathcal{F}(x_m)$ tel que

$$u_m(t) = e_1(a,t)\Big(x_0 + \int_{[a,t)\cap\mathbb{T}} e_1(s,a)\big(w_m(s) + \overline{x}_m(\sigma(s))\big)\Delta(s)\Big).$$

Soit la fonction h donnée en (5.1.4). En considérant les prolongements $\hat{w}_m$ et $\hat{h}$ dans $L^1([a,b])$, on a que

$$\|\hat{w}_m(t)\| \leq \hat{h}(t) \quad \text{p.p. } t \in [a,b].$$

Par le théorème de Dunford-Pettis (Théorème 1.1.7), il existe $g \in L^1([a,b], \mathbb{R}^n)$ et une sous-suite encore notée $\{\hat{w}_m\}$ tels que $\hat{w}_m \rightharpoonup g$ dans $L^1([a,b], \mathbb{R}^n)$. Puisqu'un convexe fermé est faiblement fermé et que $L^1([a,b], \mathbb{R}^n)$ est séparable, il existe

$$\hat{z}_m \in \operatorname{co}\{\hat{w}_m, \hat{w}_{m+1}, \ldots\}$$

tels que

$$\hat{z}_m \to g \quad \text{dans } L^1([a,b], \mathbb{R}^n).$$

Encore à une sous-suite près, encore notée $\{\hat{z}_m\}$,

$$\hat{z}_m(t) \to g(t) \quad \text{p.p. } t \in [a,b].$$

Donc, p.p. $t \in [a,b]$,

$$\hat{z}_m(t) \in \operatorname{co}\Big\{\bigcup_{l \geq m} \hat{w}_l(t)\Big\} \subset \operatorname{co}\Big\{\bigcup_{l \geq m} \widehat{F}(t, \overline{x}_l(\sigma(t))) \cap \widehat{G}(t, x_l(\sigma(t)))\Big\}$$

où les fonctions $\widehat{F}$ et $\widehat{G}$ sont les prolongements des fonctions F et G au sens de (2.3.1). À la limite,

$$g(t) \in \bigcap_{m \in \mathbb{N}} \overline{\mathrm{co}}\Big\{ \bigcup_{l \geq m} \widehat{F}(t, \overline{x}_l(\sigma(t))) \cap \widehat{G}(t, x_l(\sigma(t))) \Big\}$$
$$\subset \widehat{F}(t, \overline{x}(\sigma(t))) \cap \widehat{G}(t, x(\sigma(t))) = \widehat{F}_u(t, x(\sigma(t))),$$

car $y \mapsto \widehat{F}(t, y)$ et $y \mapsto \widehat{G}_u(t, y)$ sont à graphe fermé et à valeurs convexes, fermées et $x_m \to x$ dans $C(\mathbb{T}, \mathbb{R}^n)$.

En vertu de la Proposition 2.3.18, on peut supposer qu'il existe une fonction $w : \mathbb{T}_0 \to \mathbb{R}^n$ telle que $g = \widehat{w}$, où $w(t) \in \widehat{F_u(t, x(\sigma(t)))} = F_u(t, x(\sigma(t)))$ Δ-p.p. $t \in \mathbb{T}_0$. D'où $w \in \mathcal{F}(x)$.

Finalement, par la Proposition 2.3.18 et en utilisant le fait que $\widehat{w}_m \rightharpoonup \widehat{w}$ dans $L^1([a,b], \mathbb{R}^n)$ et que $x_m \to x$ dans $C(\mathbb{T}, \mathbb{R}^n)$, on déduit que pour tout $t \in \mathbb{T}$,

$$\int_{[a,t) \cap \mathbb{T}} e_1(s, a)\big(w_m(s) + \overline{x}_m(\sigma(s))\big) \Delta s \to \int_{[a,t) \cap \mathbb{T}} e_1(s, a)\big(w(s) + \overline{x}(\sigma(s))\big) \Delta s.$$

De cela et de la convergence $u_m \to u$ dans $C(\mathbb{T}, \mathbb{R}^n)$, on obtient pour tout $t \in \mathbb{T}$,

$$u(t) = e_1(a, t)\Big(x_0 + \int_{[a,t) \cap \mathbb{T}} e_1(s, a)\big(w(s) + \overline{x}(\sigma(s))\big) \Delta s \Big).$$

D'où $u \in T_I(x)$ et T_I est à graphe fermé.

Le fait que T_I soit compact et à graphe fermé nous permet de déduire aisément que T_I est à valeurs compactes.

Reste à montrer que T_I est s.c.s. Ceci découle immédiatement du fait que T_I est compact et à graphe fermé. En effet, soit $B \subset C(\mathbb{T}, \mathbb{R}^n)$ fermé et

$$A = \{ x \in C(\mathbb{T}, \mathbb{R}^n) : T_I(x) \cap B \neq \emptyset \}.$$

Soit $\{x_m\}$ une suite dans A qui converge vers x dans $C(\mathbb{T}, \mathbb{R}^n)$. Il existe $u_m \in T_I(x_m) \cap B$. La compacité de T_I garantit l'existence d'une sous-suite encore notée

$\{u_m\}$ convergeant vers u dans $C(\mathbb{T}, \mathbb{R}^n)$. Puisque B est fermé que que T_I est à graphe fermé, $u \in T_I(x) \cap B$, et donc $x \in A$. Ce qui termine la preuve. □

Définissons maintenant l'opérateur multivoque $T_P : C(\mathbb{T}, \mathbb{R}^n) \to C(\mathbb{T}, \mathbb{R}^n)$ tel que

$$T_P(x)(t) = \{v \in C(\mathbb{T}, \mathbb{R}^n) : v(t) = \frac{1}{e_1(t,a)}$$
$$[\frac{1}{e_1(b,a)-1} \int_{[a,b) \cap \mathbb{T}} (w(s) + \overline{x}(\sigma(s))) e_1(s,a) \Delta s + \int_{[a,t) \cap \mathbb{T}} (w(s) + \overline{x}(\sigma(s))) e_1(s,a) \Delta s],$$

$$\text{où } w \in \mathcal{F}(x)\}$$

En utilisant un raisonnement similaire au théorème précédent, nous pourrions démontrer le résultat suivant.

Théorème 5.1.5. *Si* $(F1)$ *et* $(F2)$ *sont satisfaites et si* $(v, M) \in W_{\Delta}^{1,1}(\mathbb{T}, \mathbb{R}^n) \times W_{\Delta}^{1,1}(\mathbb{T}, [0, \infty))$ *est un tube-solution de* (5.0.1), (5.0.3), *alors l'opérateur* $T_P : C(\mathbb{T}, \mathbb{R}^n) \to C(\mathbb{T}, \mathbb{R}^n)$ *est compact, s.c.s., à valeurs convexes, compactes et non vides.*

Nous pouvons maintenant démontrer le théorème d'existence.

Théorème 5.1.6. *Si* $(F1)$ *et* $(F2)$ *sont satisfaites et si* $(v, M) \in W_{\Delta}^{1,1}(\mathbb{T}, \mathbb{R}^n) \times W_{\Delta}^{1,1}(\mathbb{T}, [0, \infty))$ *est un tube-solution de* (5.0.1), *alors le problème* (5.0.1) *possède une solution* $x \in W_{\Delta}^{1,1}(\mathbb{T}, \mathbb{R}^n) \cap T(v, M)$.

DÉMONSTRATION. En vertu des Théorèmes 5.1.4 et 5.1.5, les opérateurs T_I et T_P sont compacts, semi-continus supérieurement, à valeurs convexes, compactes et non vides. Ainsi, par le théorème de point fixe de Kakutani (Théorème 1.2.7), ces deux opérateurs admettent un point fixe. Les Théorèmes 2.5.1 et 2.5.2 impliquent donc l'existence d'une solution pour le problème (5.1.3). Il suffit donc de démontrer que pour toute solution x de (5.1.3), $x \in T(v, M)$.

Considérons l'ensemble $A = \{t \in \mathbb{T}_0 : \|x(\sigma(t)) - v(\sigma(t))\| > M(\sigma(t))\}$. En vertu de la Remarque 2.4.5, Δ-p.p. sur l'ensemble $\widetilde{A} = \{t \in A : t = \sigma(t)\}$ on a que

$$\begin{aligned}\left(\|x(t) - v(t)\| - M(t)\right)^\Delta &= \frac{\langle x(t) - v(t), x^\Delta(t) - v^\Delta(t)\rangle}{\|x(t) - v(t)\|} - M^\Delta(t).\\ &= \frac{\langle x(\sigma(t)) - v(\sigma(t)), x^\Delta(t) - v^\Delta(t)\rangle}{\|x(\sigma(t)) - v(\sigma(t))\|} - M^\Delta(t)\end{aligned}$$

Si $t \in A$ est dispersé à droite, alors $\mu_\Delta(\{t\}) > 0$ et donc,

$$\begin{aligned}&\left(\|x(t) - v(t)\| - M(t)\right)^\Delta \\ &= \frac{\|x(\sigma(t)) - v(\sigma(t))\| - \|x(t) - v(t)\|}{\mu(t)} - M^\Delta(t)\\ &= \frac{\|x(\sigma(t)) - v(\sigma(t))\|^2 - \|x(\sigma(t)) - v(\sigma(t))\|\|x(t) - v(t)\|}{\mu(t)\|x(\sigma(t)) - v(\sigma(t))\|} - M^\Delta(t)\end{aligned}$$

$$\leq \frac{\langle x(\sigma(t)) - v(\sigma(t)), x(\sigma(t)) - v(\sigma(t)) - (x(t) - v(t))\rangle}{\mu(t)\|x(\sigma(t)) - v(\sigma(t))\|} - M^\Delta(t)$$
$$= \frac{\langle x(\sigma(t)) - v(\sigma(t)), x^\Delta(t) - v^\Delta(t)\rangle}{\|x(\sigma(t)) - v(\sigma(t))\|} - M^\Delta(t).$$

Nous allons montrer que $\left(\|x(t)-v(t)\|-M(t)\right)^\Delta < 0$, Δ-p.p. sur A. Si $M(\sigma(t)) > 0$, alors par hypothèse du tube-solution et par ce qui précède, on a Δ-p.p. qu'il existe un $y(\sigma(t)) = x^\Delta(t) + x(\sigma(t)) - \overline{x}(\sigma(t)) \in F_u(t, x(\sigma(t)))$ et que

$$\left(\|x(t) - v(t)\| - M(t)\right)^\Delta$$
$$\leq \frac{\langle x(\sigma(t)) - v(\sigma(t)), y(\sigma(t)) + (\overline{x}(\sigma(t)) - x(\sigma(t))) - v^\Delta(t)\rangle}{\|x(\sigma(t)) - v(\sigma(t))\|} - M^\Delta(t)$$
$$= \frac{\langle \overline{x}(\sigma(t)) - v(\sigma(t)), y(\sigma(t)) - v^\Delta(t)\rangle}{M(\sigma(t))}$$
$$+ (M(\sigma(t)) - \|x(\sigma(t)) - v(\sigma(t))\|) - M^\Delta(t)$$
$$< \frac{M(\sigma(t))M^\Delta(t)}{M(\sigma(t))} - M^\Delta(t) = 0.$$

D'autre part, si $M(\sigma(t)) = 0$, alors $F_u(t, x(\sigma(t))) = \{v^\Delta(t)\}$ et on a Δ-p.p. sur $\{t \in A : M(\sigma(t)) = 0\}$,

$$\left(\|x(t) - v(t)\| - M(t)\right)^\Delta$$
$$\leq \frac{\langle x(\sigma(t)) - v(\sigma(t)), y(\sigma(t)) + (\overline{x}(\sigma(t)) - x(\sigma(t))) - v^\Delta(t)\rangle}{\|x(\sigma(t)) - v(\sigma(t))\|} - M^\Delta(t)$$
$$= \frac{\langle x(\sigma(t)) - v(\sigma(t)), v^\Delta(t) - v^\Delta(t)\rangle}{\|x(\sigma(t)) - v(\sigma(t))\|}$$
$$- (\|x(\sigma(t)) - v(\sigma(t))\|) - M^\Delta(t)$$
$$< -M^\Delta(t).$$

Dans ce cas, il reste à montrer que $M^\Delta(t) \geq 0$. Par hypothèse du tube-solution, si $M(\sigma(t)) = 0$, alors $M(t) = 0$. Si $\sigma(t) > t$ alors $M^\Delta(t) = 0$. Si $\sigma(t) = t$, la Proposition 2.3.17, nous assure que $M^\Delta(t) = 0$ Δ-presque partout sur

$\{t = \sigma(t) : M(\sigma(t)) = 0\}$.

En posant $r(t) = \|x(t) - v(t)\| - M(t)$, il en résulte que $r^\Delta(t) < 0$ Δ-presque partout sur $\{t \in \mathbb{T}_0 : r(\sigma(t)) > 0\}$. De plus, par hypothèse du tube-solution, remarquons que si x satisfait (5.0.2), alors $r(a) \leq 0$ et si x satisfait (5.0.3), alors $r(a) - r(b) \leq \|v(a) - v(b)\| - (M(a) - M(b)) \leq 0$. Ainsi, les hypothèses du Lemme 2.7.1 sont satisfaites, ce qui démontre le théorème. $\square$

Chapitre 6

EXISTENCE DE SOLUTIONS POUR DES SYSTÈMES D'ÉQUATIONS AUX ÉCHELLES DE TEMPS DU DEUXIÈME ORDRE

Dans ce chapitre, nous établirons des théorèmes d'existence pour le système suivant.

$$x^{\Delta\Delta}(t) = f(t, x(\sigma(t)), x^{\Delta}(t)), \quad \Delta\text{-p.p. } t \in \mathbb{T}_0^{\kappa^2},$$
$$x \in (BC). \tag{6.0.1}$$

Comme précédemment, $\mathbb{T}$ est une échelle de temps bornée où on notera $a = \min \mathbb{T}$, $b = \max \mathbb{T}$ et

$$\mathbb{T}_0^{\kappa^2} = \begin{cases} \mathbb{T}^{\kappa^2} \setminus \{b\} & \text{si } b \in \mathbb{T}^{\kappa^2}, \\ \mathbb{T}^{\kappa^2} & \text{sinon.} \end{cases}$$

De plus, $f : \mathbb{T}_0^{\kappa^2} \times \mathbb{R}^{2n} \to \mathbb{R}^n$ est une fonction Δ-Carathéodory et (BC) désigne une des conditions de bord suivantes :

$$x(a) = x(b);$$
$$x^{\Delta}(a) = x^{\Delta}(\rho(b)). \tag{6.0.2}$$

$$a_0 x(a) - \gamma_0 x^{\Delta}(a) = x_0;$$
$$a_1 x(b) + \gamma_1 x^{\Delta}(\rho(b)) = x_1. \tag{6.0.3}$$

où $a_0, a_1, \gamma_0, \gamma_1 \geq 0$, $\max\{a_0, \gamma_0\} > 0$ et $\max\{a_1, \gamma_1\} > 0$.

6.1. Cas où f ne dépend pas de $x^\Delta(t)$.

Dans cette section, notre objectif est d'établir un résultat d'existence pour le problème :

$$\begin{aligned} x^{\Delta\Delta}(t) &= f(t, x(\sigma(t))), \quad \Delta\text{-p.p. } t \in \mathbb{T}_0^{\kappa^2}, \\ x &\in (BC). \end{aligned} \quad (6.1.1)$$

où (BC) désigne (6.0.2) ou (6.0.3).

Une solution du problème sera une fonction $x \in W_\Delta^{2,1}(\mathbb{T}, \mathbb{R}^n)$ satisfaisant (6.1.1). Introduisons une notion de tube-solution pour le problème (6.1.1). C'est à partir de cette notion que nous obtiendrons notre résultat d'existence.

Définition 6.1.1. Soit $(v, M) \in W_\Delta^{2,1}(\mathbb{T}, \mathbb{R}^n) \times W_\Delta^{2,1}(\mathbb{T}, [0, \infty))$. On dira que (v, M) est un *tube-solution* de (6.1.1) si

(t-i) $\langle x - v(\sigma(t)), f(t, x) - v^{\Delta\Delta}(t) \rangle \geq M(\sigma(t)) M^{\Delta\Delta}(t)$ Δ-p.p. $t \in \mathbb{T}_0^{\kappa^2}$ et tout $x \in \mathbb{R}^n$ tel que $\|x - v(\sigma(t))\| = M(\sigma(t))$;

(t-ii) $v^{\Delta\Delta}(t) = f(t, v(\sigma(t)))$ et $M^{\Delta\Delta}(t) \leq 0$ Δ-p.p. $t \in \mathbb{T}_0^{\kappa^2}$ tel que $M(\sigma(t)) = 0$;

(t-iii) Si (BC) représente (6.0.2), alors $v(a) = v(b)$, $M(a) = M(b)$, et $\|v^\Delta(\rho(b)) - v^\Delta(a)\| \leq M^\Delta(\rho(b)) - M^\Delta(a)$;
si (BC) représente (6.0.3), $\|x_0 - (a_0 v(a) - \gamma_0 v^\Delta(a))\| \leq a_0 M(a) - \gamma_0 M^\Delta(a)$, $\|x_1 - (a_1 v(b) + \gamma_1 v^\Delta(\rho(b)))\| \leq a_1 M(b) + \gamma_1 M^\Delta(\rho(b))$.

On notera

$$T(v, M) = \{x \in W_\Delta^{2,1}(\mathbb{T}, \mathbb{R}^n) : \|x(t) - v(t)\| \leq M(t) \text{ pour tout } t \in \mathbb{T}\}.$$

Afin de démontrer notre théorème d'existence, nous aurons recours au problème modifié suivant.

$$x^{\Delta\Delta}(t) - x(\sigma(t)) = f(t, \overline{x}(\sigma(t))) - \overline{x}(\sigma(t)), \quad \Delta\text{-p.p. } t \in \mathbb{T}_0^{\kappa^2},$$
$$x \in (BC). \tag{6.1.2}$$

où

$$\overline{x}(s) = \begin{cases} \frac{M(s)}{\|x-v(s)\|}(x - v(s)) + v(s) & \text{si } \|x - v(s)\| > M(s) \\ x & \text{sinon.} \end{cases} \tag{6.1.3}$$

Définissons l'opérateur $F : C(\mathbb{T}, \mathbb{R}^n) \to L_\Delta^1(\mathbb{T}_0^{\kappa^2}, \mathbb{R}^n)$ par

$$F(x)(t) := f(t, \overline{x}(\sigma(t))) - \overline{x}(\sigma(t)).$$

Proposition 6.1.2. *L'opérateur F défini ci-haut est continu et borné.*

DÉMONSTRATION. Montrons d'abord que l'ensemble $F(C(\mathbb{T}, \mathbb{R}^n))$ est borné. Par hypothèse du tube-solution, il existe un $R > 0$ tel que $\|\overline{x}(\sigma(s))\| \leq R$ pour tout $s \in \mathbb{T}$ et tout $x \in C(\mathbb{T}, \mathbb{R}^n)$. Par l'item (C-iii) de la Définition 2.3.19, il est clair qu'il existe une fonction $h \in L_\Delta^1(\mathbb{T}_0^{\kappa^2}, [0, \infty))$ telle que $\|F(x)(s)\| \leq h(s)$ Δ-p.p. $s \in \mathbb{T}_0^{\kappa^2}$ et tout $x \in C(\mathbb{T}, \mathbb{R}^n)$, ce qui prouve que F est borné dans $L_\Delta^1(\mathbb{T}_0^{\kappa^2}, [0, \infty))$.

Montrons maintenant la continuité de l'opérateur. Soit $\{x_n\}_{n\in\mathbb{N}}$ une suite de $C(\mathbb{T}, \mathbb{R}^n)$ convergeant vers un élément $x \in C(\mathbb{T}, \mathbb{R}^n)$. Il faut montrer que la suite de fonctions $\{g_n\}_{n\in\mathbb{N}}$ telle que $g_n(s) := f(s, \overline{x_n}(\sigma(s))) - \overline{x_n}(\sigma(s))$ converge vers la fonction g dans $L_\Delta^1(\mathbb{T}_0^{\kappa^2}, \mathbb{R}^n)$ où $g(s) = f(s, \overline{x}(\sigma(s))) - \overline{x}(\sigma(s))$. On peut aisément vérifier que $\overline{x}_n(t) \to \overline{x}(t)$ pour tout $t \in \mathbb{T}$ et donc, par l'item (C-ii) de la Définition 2.3.19, $g_n(s) \to g(s)$ Δ-p.p. $s \in \mathbb{T}_0^{\kappa^2}$. Par ce qui précède, $\|g_n(s)\| \le h(s)$ Δ-p.p. $s \in \mathbb{T}_0^{\kappa^2}$. Les hypothèses du Théorème 2.3.8 sont ainsi satisfaites et donc, $g_n \to g$ dans $L_\Delta^1(\mathbb{T}_0^{\kappa^2}, \mathbb{R}^n)$. Ceci vérifie la continuité.

$\square$

Lemme 6.1.3. *Pour toute solution x de (6.1.2), $x \in T(v, M)$.*

DÉMONSTRATION. Montrons que Δ-p.p. sur l'ensemble $A = \{t \in \mathbb{T}_0^{\kappa^2} : \|x(\sigma(t)) - v(\sigma(t))\| > M(\sigma(t))\}$ on a que

$$(\|x(t) - v(t)\| - M(t))^{\Delta\Delta} \ge \frac{\langle x(\sigma(t)) - v(\sigma(t)), x^{\Delta\Delta}(t) - v^{\Delta\Delta}(t)\rangle}{\|x(\sigma(t)) - v(\sigma(t))\|} - M^{\Delta\Delta}(t) \quad (6.1.4)$$

Si $t \in A$ est dense à droite, alors en vertu de la Remarque 2.4.9, Δ-p.p. sur l'ensemble $\widetilde{A} = \{t \in A : t = \sigma(t)\}$ on a que

$$\begin{aligned}(\|x(t) - v(t)\| - M(t))^{\Delta\Delta} &\ge \frac{\langle x(t) - v(t), x^{\Delta\Delta}(t) - v^{\Delta\Delta}(t)\rangle}{\|x(t) - v(t)\|} - M^{\Delta\Delta}(t) \\ &= \frac{\langle x(\sigma(t)) - v(\sigma(t)), x^{\Delta\Delta}(t) - v^{\Delta\Delta}(t)\rangle}{\|x(\sigma(t)) - v(\sigma(t))\|} - M^{\Delta\Delta}(t)\end{aligned}$$

Si $t \in A$ est dispersé à droite et que $\sigma(t) = \sigma^2(t)$, alors $\mu_\Delta(\{t\}) > 0$. En vertu du Théorème 2.2.2 (ii) et de l'Exemple 2.2.5 nous avons que

$$\left(\|x(t) - v(t)\| - M(t)\right)^{\Delta\Delta}$$
$$= \frac{\|x(\sigma(t)) - v(\sigma(t))\|^\Delta - \|x(t) - v(t)\|^\Delta}{\mu(t)} - M^{\Delta\Delta}(t)$$
$$= \frac{\frac{\langle x(\sigma(t))-v(\sigma(t)), x^\Delta(\sigma(t))-v^\Delta(\sigma(t))\rangle}{\|x(\sigma(t))-v(\sigma(t))\|} - \frac{\|x(\sigma(t))-v(\sigma(t))\|-\|x(t)-v(t)\|}{\mu(t)}}{\mu(t)} - M^{\Delta\Delta}(t)$$
$$= \frac{\langle x(\sigma(t)) - v(\sigma(t)), x^\Delta(t) - v^\Delta(t) + \mu(t)(x^{\Delta\Delta}(t) - v^{\Delta\Delta}(t))\rangle}{\mu(t)\|x(\sigma(t)) - v(\sigma(t))\|}$$
$$- \frac{\langle x(\sigma(t)) - v(\sigma(t)), x(\sigma(t)) - v(\sigma(t))\rangle - \|x(\sigma(t)) - v(\sigma(t))\|\|x(t) - v(t)\|}{\mu(t)^2\|x(\sigma(t)) - v(\sigma(t))\|}$$
$$= \frac{\langle x(\sigma(t)) - v(\sigma(t)), x^{\Delta\Delta}(t) - v^{\Delta\Delta}(t)\rangle}{\|x(\sigma(t)) - v(\sigma(t))\|} + \frac{\langle x(\sigma(t)) - v(\sigma(t)), x^\Delta(t) - v^\Delta(t)\rangle}{\mu(t)\|x(\sigma(t)) - v(\sigma(t))\|}$$
$$- \frac{\langle x(t) - v(t) + \mu(t)(x^\Delta(t) - v^\Delta(t)), x(\sigma(t)) - v(\sigma(t))\rangle}{\mu(t)^2\|x(\sigma(t)) - v(\sigma(t))\|}$$
$$+ \frac{\|x(\sigma(t)) - v(\sigma(t))\|\|x(t) - v(t)\|}{\mu(t)^2\|x(\sigma(t)) - v(\sigma(t))\|} - M^{\Delta\Delta}(t)$$
$$= \frac{\langle x(\sigma(t)) - v(\sigma(t)), x^{\Delta\Delta}(t) - v^{\Delta\Delta}(t)\rangle}{\|x(\sigma(t)) - v(\sigma(t))\|} - \frac{\langle x(t) - v(t), x(\sigma(t)) - v(\sigma(t))\rangle}{\mu(t)^2\|x(\sigma(t)) - v(\sigma(t))\|}$$
$$+ \frac{\|x(\sigma(t)) - v(\sigma(t))\|\|x(t) - v(t)\|}{\mu(t)^2\|x(\sigma(t)) - v(\sigma(t))\|} - M^{\Delta\Delta}(t)$$
$$\geq \frac{\langle x(\sigma(t)) - v(\sigma(t)), x^{\Delta\Delta}(t) - v^{\Delta\Delta}(t)\rangle}{\|x(\sigma(t)) - v(\sigma(t))\|} - M^{\Delta\Delta}(t).$$

Si $t \in A$ est dispersé à droite et que $\sigma(t) < \sigma^2(t)$, alors $\mu_\Delta(\{t\}) > 0$ et remarquons que

$$
\begin{aligned}
\left(\|x(\sigma(t))-v(\sigma(t))\|\right)^{\Delta} &= \frac{\|x(\sigma^2(t))-v(\sigma^2(t))\| - \|x(\sigma(t))-v(\sigma(t))\|}{\mu(\sigma(t))} \\
&= \frac{\|x(\sigma^2(t))-v(\sigma^2(t))\|\|x(\sigma(t))-v(\sigma(t))\| - \|x(\sigma(t))-v(\sigma(t))\|^2}{\mu(\sigma(t))\|x(\sigma(t))-v(\sigma(t))\|} \\
&\geq \frac{\langle x(\sigma(t))-v(\sigma(t)), x(\sigma^2(t))-v(\sigma^2(t))-(x(\sigma(t))-v(\sigma(t)))\rangle}{\mu(\sigma(t))\|x(\sigma(t))-v(\sigma(t))\|} \\
&= \frac{\langle x(\sigma(t))-v(\sigma(t)), x^{\Delta}(\sigma(t))-v^{\Delta}(\sigma(t))\rangle}{\|x(\sigma(t))-v(\sigma(t))\|}.
\end{aligned}
$$

Ainsi, il en résulte que

$$
\begin{aligned}
&\left(\|x(t)-v(t)\| - M(t)\right)^{\Delta\Delta} \\
&= \frac{\|x(\sigma(t))-v(\sigma(t))\|^{\Delta} - \|x(t)-v(t)\|^{\Delta}}{\mu(t)} - M^{\Delta\Delta}(t) \\
&= \frac{\frac{\|x(\sigma^2(t))-v(\sigma^2(t))\|-\|x(\sigma(t))-v(\sigma(t))\|}{\mu(\sigma(t))} - \frac{\|x(\sigma(t))-v(\sigma(t))\|-\|x(t)-v(t)\|}{\mu(t)}}{\mu(t)} - M^{\Delta\Delta}(t) \\
&\geq \frac{\frac{\langle x(\sigma(t))-v(\sigma(t)), x^{\Delta}(\sigma(t))-v^{\Delta}(\sigma(t))\rangle}{\|x(\sigma(t))-v(\sigma(t))\|} - \frac{\|x(\sigma(t))-v(\sigma(t))\|-\|x(t)-v(t)\|}{\mu(t)}}{\mu(t)} - M^{\Delta\Delta}(t)
\end{aligned}
$$

et le reste suit du raisonnement du cas précédent.

Nous allons montrer que $\left(\|x(t)-v(t)\| - M(t)\right)^{\Delta\Delta} > 0$, Δ-p.p. sur A. Si $M(\sigma(t)) > 0$, alors par hypothèse du tube-solution et par (6.1.4), on a Δ-p.p. que

$$
\begin{aligned}
&\left(\|x(t)-v(t)\| - M(t)\right)^{\Delta\Delta} \\
&\geq \frac{\langle x(\sigma(t))-v(\sigma(t)), f(t,\overline{x}(\sigma(t)))-(\overline{x}(\sigma(t))-x(\sigma(t)))-v^{\Delta\Delta}(t)\rangle}{\|x(\sigma(t))-v(\sigma(t))\|} - M^{\Delta\Delta}(t) \\
&= \frac{\langle \overline{x}(\sigma(t))-v(\sigma(t)), f(t,\overline{x}(\sigma(t)))-v^{\Delta\Delta}(t)\rangle}{M(\sigma(t))} \\
&\quad + (\|x(\sigma(t))-v(\sigma(t))\| - M(\sigma(t))) - M^{\Delta\Delta}(t) \\
&> \frac{M(\sigma(t))M^{\Delta\Delta}(t)}{M(\sigma(t))} - M^{\Delta\Delta}(t) = 0.
\end{aligned}
$$

D'autre part, si $M(\sigma(t)) = 0$, alors par hypothèse du tube-solution et par (6.1.4), on a Δ-p.p. que

$$\left(\|x(t) - v(t)\| - M(t)\right)^{\Delta\Delta}$$
$$\geq \frac{\langle x(\sigma(t)) - v(\sigma(t)), f(t, \overline{x}(\sigma(t))) - (\overline{x}(\sigma(t)) - x(\sigma(t))) - v^{\Delta\Delta}(t)\rangle}{\|x(\sigma(t)) - v(\sigma(t))\|} - M^{\Delta\Delta}(t)$$
$$= \frac{\langle x(\sigma(t)) - v(\sigma(t)), f(t, v(\sigma(t))) - v^{\Delta\Delta}(t)\rangle}{\|x(\sigma(t)) - v(\sigma(t))\|}$$
$$+ (\|x(\sigma(t)) - v(\sigma(t))\|) - M^{\Delta\Delta}(t)$$
$$> -M^{\Delta\Delta}(t) \geq 0.$$

En posant $r(t) = \|x(t) - v(t)\| - M(t)$, il en résulte que $r^{\Delta\Delta}(t) > 0$ Δ-p.p. $t \in \{t \in \mathbb{T}_0^{\kappa^2} : r(\sigma(t)) > 0\}$. Si x satisfait (6.0.2) et $r(a) = r(b) \leq 0$, alors la condition (i) du Lemme 2.7.3 est satisfaite. Si x satisfait (6.0.2) et $r(a) = r(b) > 0$, alors $r^{\Delta}(\rho(b)) - r^{\Delta}(a) = \|x(\rho(b)) - v(\rho(b))\|^{\Delta} - \|x(a) - v(a)\|^{\Delta} - (M^{\Delta}(\rho(b)) - M^{\Delta}(a))$. En vertu de l'Exemple 2.2.5, si $a = \sigma(a)$ on a que

$$\|x(a) - v(a)\|^{\Delta} = \frac{\langle x(a) - v(a), x^{\Delta}(a) - v^{\Delta}(a)\rangle}{\|x(a) - v(a)\|}.$$

Si $a < \sigma(a)$ alors $\mu_{\Delta}(\{a\}) > 0$ et donc,

$$\|x(a) - v(a)\|^{\Delta} = \frac{\|x(\sigma(a)) - v(\sigma(a))\| - \|x(a) - v(a)\|}{\mu(a)}$$
$$= \frac{\|x(\sigma(a)) - v(\sigma(a))\|\|x(a) - v(a)\| - \|x(a) - v(a)\|^2}{\mu(a)\|x(a) - v(a)\|}$$
$$\geq \frac{\langle x(a) - v(a), x(\sigma(a)) - v(\sigma(a)) - (x(a) - v(a))\rangle}{\mu(a)\|x(a) - v(a)\|}$$
$$= \frac{\langle x^{\Delta}(a) - v^{\Delta}(a), x(a) - v(a)\rangle}{\|x(a) - v(a)\|}.$$

De manière similaire, on peut montrer que

$$\|x(\rho(b)) - v(\rho(b))\|^{\Delta} \leq \frac{\langle x^{\Delta}(\rho(b)) - v^{\Delta}(\rho(b)), x(b) - v(b)\rangle}{\|x(b) - v(b)\|}.$$

Ainsi,

$$\begin{aligned}
r^\Delta(\rho(b)) - r^\Delta(a) &\leq \frac{\langle x^\Delta(\rho(b)) - v^\Delta(\rho(b)), x(b) - v(b)\rangle}{\|x(b) - v(b)\|} \\
&\quad - \frac{\langle x^\Delta(a) - v^\Delta(a), x(a) - v(a)\rangle}{\|x(a) - v(a)\|} - (M^\Delta(\rho(b)) - M^\Delta(a)) \\
&= \frac{\langle v^\Delta(a) - v^\Delta(\rho(b)), x(a) - v(a)\rangle}{\|x(a) - v(a)\|} - (M^\Delta(\rho(b)) - M^\Delta(a)) \\
&\leq \|v^\Delta(a) - v^\Delta(\rho(b))\| - (M^\Delta(\rho(b)) - M^\Delta(a)) \leq 0.
\end{aligned}$$

La condition (ii) du Lemme 2.7.3 est donc satisfaite.

Si x satisfait (6.0.3), on peut supposer sans perte de généralité que $\|x(a) - v(a)\| > 0$ ou $\|x(b) - v(b)\| > 0$ car sinon, $r(a) \leq 0$, $r(\rho(b)) \leq 0$ et la condition (i) du Lemme 2.7.3 est satisfaite. Par hypothèse du tube-solution et en réutilisant le raisonnement de ce qui précède, on a que

$$\begin{aligned}
\|x(a) - v(a)\|&\big(a_0\|x(a) - v(a)\| - \gamma_0\|x(a) - v(a)\|^\Delta\big) \\
&\leq \langle x(a) - v(a), a_0(x(a) - v(a)) - \gamma_0(x^\Delta(a) - v^\Delta(a))\rangle \\
&\leq \|x(a) - v(a)\|\|a_0(x(a) - v(a)) - \gamma_0(x^\Delta(a) - v^\Delta(a))\| \\
&= \|x(a) - v(a)\|\|x_0 - (a_0 v(a) - \gamma_0 v^\Delta(a))\| \\
&\leq \|x(a) - v(a)\|\big(a_0 M(a) - \gamma_0 M^\Delta(a)\big).
\end{aligned}$$

Il en résulte que si $\|x(a) - v(a)\| > 0$ alors $a_0 r(a) - \gamma_0 r^\Delta(a) \leq 0$. De manière similaire, on pourrait montrer que $a_1 r(b) + \gamma_1 r^\Delta(\rho(b)) \leq 0$ si $\|x(b) - v(b)\| > 0$. Ainsi, peu importe les conditions aux bords que satisfait x, les hypothèses du Lemme 2.7.3 sont satisfaites, ce qui démontre le résultat. □

Nous pouvons maintenant démontrer le théorème d'existence.

Théorème 6.1.4. *Si* $(v, M) \in W^{2,1}_\Delta(\mathbb{T}, \mathbb{R}^n) \times W^{2,1}_\Delta(\mathbb{T}, [0, \infty))$ *est un tube-solution de* (6.1.1), *alors le problème* (6.1.1) *possède une solution* $x \in W^{2,1}_\Delta(\mathbb{T}, \mathbb{R}^n) \cap T(v, M)$.

DÉMONSTRATION. Une solution de (6.1.2) sera un point fixe de l'opérateur $T : C(\mathbb{T}, \mathbb{R}^n) \to C(\mathbb{T}, \mathbb{R}^n)$ défini par $T(x)(t) := i \circ \tilde{j} \circ L'^{-1} \circ F(x)(t)$ où $i, \tilde{j}$ et L' sont respectivement définis aux Remarques 2.2.9, 2.4.11 et en (2.6.12). En vertu des Propositions 2.6.8, 6.1.2 et des Remarques 2.2.9 et 2.4.11, l'opérateur T est compact. Ainsi, par le théorème de point fixe de Schauder (Théorème 1.1.4), il admet un point fixe et le problème (6.1.2) possède une solution. En vertu du Lemme 6.1.3, pour toute solution x de (6.1.2), $x \in T(v, M)$ et donc, il en résulte qu'une solution de (6.1.2) est aussi solution de (6.1.1). □

Ce théorème généralise sous plusieurs angles, des résultats d'existence obtenus au cours des dernières années tant pour les équations que les systèmes aux échelles de temps. D'abord, dans le cas scalaire, Akin [4] et Stehlík [55] ont obtenu des résultats d'existence pour le problème (6.1.1) dans le cas où f est continue en supposant l'existence de sous-solution et de sur-solution dont nous rappelons la définition.

Définition 6.1.5. On dira que $\alpha \in C^2_{rd}(\mathbb{T})$ est une sous-solution de (6.1.1) si

(s-i) $\alpha^{\Delta\Delta}(t) \geq f(t, \alpha(\sigma(t)))$ pour tout $t \in \mathbb{T}^{\kappa^2}$,

(s-ii) si (BC) désigne (6.0.3) où $\gamma_0 = 0$ et $\gamma_1 = 0$, alors $\alpha(a) \leq \frac{x_0}{a_0}$ et $\alpha(\rho(b)) \leq \frac{x_1}{a_1}$,

(s-iii) si (BC) désigne (6.0.2), alors $\alpha(a) = \alpha(b)$ et $\alpha^\Delta(a) \geq \alpha^\Delta(\rho(b))$.

On dira que $\beta \in C^2_{rd}(\mathbb{T})$ est une sur-solution de (6.1.1) si les inégalités sont inversées dans les conditions ci-haut.

Akin traita le problème (6.1.1) avec la condition aux bords de Dirichlet non-homogène et utilisa donc les points (s-i) et (s-ii) de la définition ci-haut. En revanche, Stehlìk utilisa les point (s-i) et un cas plus général que (s-iii) de la définition étant donné qu'il considéra (6.1.1) avec une condition aux bords dont la condition périodique est un cas particulier. La définition de tube-solution que nous avons introduite pour (6.1.1) est équivalente dans le cas scalaire aux notions de sous- et sur-solutions introduites par Akin et Stehlìk. Si (v, M) est un tube-solution pour (6.1.1), alors $\alpha = v - M$ et $\beta = v + M$ sont respectivement sous- et sur-solution de (6.1.1). De plus, si α et β sont respectivement des sous- et des sur-solutions de (6.1.1) alors le couple $(\frac{\beta+\alpha}{2}, \frac{\beta-\alpha}{2})$ est un tube-solution pour (6.1.1).

Ainsi, le résultat suivant obtenu par Akin pour (6.1.1), (6.0.3) où $\gamma_0 = 0$ et $\gamma_1 = 0$ devient un collaire de notre résultat.

Corollaire 6.1.6. *Soit $f : \mathbb{T}^{\kappa^2} \times \mathbb{R} \to \mathbb{R}$ une fonction continue. Supposons qu'il existe une sous-solution $\alpha \in C^2_{rd}(\mathbb{T})$ et une sur-solution $\beta \in C^2_{rd}(\mathbb{T})$ satisfaisant les points (s-i) et (s-ii) de la Définition 6.1.5. Alors l'équation (6.1.1), (6.0.3) où $\gamma_0 = 0$ et $\gamma_1 = 0$ possède une solution x telle que $\alpha(t) \leq x(t) \leq \beta(t)$ pour tout $t \in \mathbb{T}$.*

De plus, le résultat obtenu par Stehlìk pour (6.1.1), (6.0.2) devient un corollaire de notre résultat.

Corollaire 6.1.7. *Soit $f : \mathbb{T}^{\kappa^2} \times \mathbb{R} \to \mathbb{R}$ une fonction continue. Supposons qu'il existe une sous-solution $\alpha \in C^2_{rd}(\mathbb{T})$ et une sur-solution $\beta \in C^2_{rd}(\mathbb{T})$ satisfaisant les points (s-i) et (s-iii) de la Définition 6.1.5. Alors l'équation (6.1.1), (6.0.2) possède une solution x telle que $\alpha(t) \leq x(t) \leq \beta(t)$ pour tout $t \in \mathbb{T}$.*

Nous avons donc généralisé ces deux théorèmes de l'équation vers un système, d'une fonction f continue vers une fonction f Δ-Carathéodory et dans le cas du théorème d'Akin, d'une condition aux bords de Dirichlet vers la condition plus générale (6.0.3) où γ_0 et γ_1 ne sont pas nécessairement nuls.

Notre théorème d'existence généralise également le résultat suivant obtenu pour les systèmes dans [36]. Ce résultat est en fait un condensé des Théorèmes 3.6 à 3.9 de [36] qui auraient pu être regroupés dans un même énoncé en uniformisant les différentes conditions aux bords présentées dans cet article.

Corollaire 6.1.8. *Soit* $f : \mathbb{T}^{\kappa^2} \times \mathbb{R}^n \to \mathbb{R}^n$ *une fonction continue. Supposons qu'il existe une constante* $R > 0$ *telle que*

$$\langle x, f(t,x) \rangle > 0, \text{ pour tout } t \in \mathbb{T}^{\kappa^2}, \|x\| = R, \qquad (6.1.5)$$

alors le système (6.1.1), (6.0.3) *possède une solution* x *telle que* $\|x\| \leq R$ *pour tout* $t \in \mathbb{T}$.

Remarquons que l'hypothèse introduite dans ce résultat est un cas particulier de notre définition de tube-solution pour (6.1.1) où il suffit de prendre comme fonction v la fonction identiquement nulle et de prendre comme fonction M la constante $R > 0$ introduite ci-haut. De plus, la condition (t-i) de notre définition de tube-solution n'est pas une inégalité stricte comme dans (6.1.5). Ainsi, notre théorème nous permet d'obtenir l'existence d'une solution pour de nouveaux systèmes comme en fait foi l'exemple suivant.

Exemple 6.1.9. Pour des constantes $x_0, x_1 \in \mathbb{R}^n$, considérons le système

$$\begin{aligned} x^{\Delta\Delta}(t) &= \|x(\sigma(t)) - \sigma(t)\|^2 (x(\sigma(t)) - \sigma(t)) \\ x(a) &= x_0, x(b) = x_1. \end{aligned} \qquad (6.1.6)$$

On peut vérifier que (v, M) est un tube-solution pour (6.1.6) avec $v(t) \equiv t$, $M(t) \equiv R$ où R est une constante choisie de sorte que $R > \max\{\|x_0 - a\|, \|x_1 - b\|\}$. Ainsi, le problème possède au moins une solution x telle que $\|x(t) - t\| \leq R$. Par contre, il est clair que (6.1.5) ne peut être satisfaite.

6.2. Théorème d'existence pour le problème général (6.0.1)

Dans cette section, notre objectif est d'établir des résultats d'existence pour le problème

$$x^{\Delta\Delta}(t) = f(t, x(\sigma(t)), x^{\Delta}(t)), \quad \Delta\text{-p.p. } t \in \mathbb{T}_0^{\kappa^2},$$
$$a_0 x(a) - x^{\Delta}(a) = x_0, \, a_1 x(b) + \gamma_1 x^{\Delta}(\rho(b)) = x_1; \quad (6.2.1)$$

où $a_0, a_1, \gamma_1 \geq 0$ et $\max\{a_1, \gamma_1\} > 0$. Une solution du problème sera une fonction $x \in W_\Delta^{2,1}(\mathbb{T}, \mathbb{R}^n)$ satisfaisant (6.2.1). Introduisons une nouvelle notion de tube-solution pour ce problème. C'est à partir de cette notion que nous obtiendrons notre résultat d'existence.

Définition 6.2.1. Soit $(v, M) \in W_\Delta^{2,1}(\mathbb{T}, \mathbb{R}^n) \times W_\Delta^{2,1}(\mathbb{T}, (0, \infty))$. On dira que (v, M) est un *tube-solution* de (6.2.1) si

(t-i) Δ-p.p. $t \in \{t \in \mathbb{T}_0^{\kappa^2} : t = \sigma(t)\}$, $\langle x - v(t), f(t, x, y) - v^{\Delta\Delta}(t)\rangle + \|y - v^{\Delta}(t)\|^2 \geq M(t) M^{\Delta\Delta}(t) + (M^{\Delta}(t))^2$ pour tout $(x, y) \in \mathbb{R}^{2n}$ tel que $\|x - v(t)\| = M(t)$ et $\langle x - v(t), y - v^{\Delta}(t)\rangle = M(t) M^{\Delta}(t)$;

(t-ii) pour tout $t \in \{t \in \mathbb{T}_0^{\kappa^2} : t < \sigma(t)\}$, $\langle x - v(\sigma(t)), f(t, x, y) - v^{\Delta\Delta}(t)\rangle \geq M(\sigma(t)) M^{\Delta\Delta}(t)$ pour tout $(x, y) \in \mathbb{R}^{2n}$ tel que $\|x - v(\sigma(t))\| = M(\sigma(t))$;

(t-iii) $\|x_0 - (a_0 v(a) - v^{\Delta}(a))\| \leq a_0 M(a) - M^{\Delta}(a)$, $\|x_1 - (a_1 v(b) + \gamma_1 v^{\Delta}(\rho(b)))\| \leq a_1 M(b) + \gamma_1 M^{\Delta}(\rho(b))$;

Si $\mathbb{T}$ représente un intervalle réel $[a, b]$, la condition (t-ii) de la définition précédente devient inutile et on retrouve la notion de tube-solution introduite par Frigon [**25**] pour un système d'équations différentielles d'ordre deux.

Soit $K > 0$ une constante qui sera fixée plus loin. Définissons $g : \mathbb{T}_0^{\kappa^2} \times \mathbb{R}^{2n} \to \mathbb{R}^n$ par

$$g(t,x,y) = \begin{cases} \left(\frac{M(\sigma(t))}{\|x-v(\sigma(t))\|} f(t,\overline{x}(\sigma(t)),\widetilde{y}(t)) - \overline{x}(\sigma(t))\right) \\ +\left(1 - \frac{M(\sigma(t))}{\|x-v(\sigma(t))\|}\right)\left(v^{\Delta\Delta}(t) + \frac{M^{\Delta\Delta}(t)}{\|x-v(\sigma(t))\|}(x-v(\sigma(t)))\right) \\ \qquad\qquad\qquad\qquad\qquad \text{si } \|x-v(\sigma(t))\| > M(\sigma(t)), \\ f(t,\overline{x}(\sigma(t)),\widetilde{y}(t)) - \overline{x} \qquad \text{sinon};\end{cases}$$

où (v,M) est un tube-solution pour (6.2.1), $\overline{x}(\sigma(t))$ est défini comme en (6.1.3),

$$\widetilde{y}(t) = \begin{cases} \hat{y}(t) + \left(M^{\Delta}(t) - \frac{\langle x-v(\sigma(t)),\hat{y}(t)-v^{\Delta}(t)\rangle}{\|x-v(\sigma(t))\|}\right)\left(\frac{x-v(\sigma(t))}{\|x-v(\sigma(t))\|}\right) & \text{si } t=\sigma(t), \|x-v(\sigma(t))\| > M(\sigma(t)), \\ \hat{y}(t) + \left(1 - \frac{K}{\|y-v^{\Delta}(t)\|}\right)\frac{M^{\Delta}(t)}{M(\sigma(t))}(x-v(\sigma(t))) & \text{si } t=\sigma(t), \|x-v(\sigma(t))\| \leq M(\sigma(t)), \\ & \text{et } \|y-v^{\Delta}(t)\| > K, \\ \hat{y}(t) & \text{si } t < \sigma(t), \\ y & \text{sinon}; \end{cases}$$

$$\hat{y}(t) = \begin{cases} \frac{K}{\|y-v^{\Delta}(t)\|}(y-v^{\Delta}(t)) + v^{\Delta}(t) & \text{si } \|y-v^{\Delta}(t)\| > K, \\ y & \text{sinon}.\end{cases}$$

Remarquons que si $\|x - v(\sigma(t))\| > M(\sigma(t))$,

$$\|\overline{x}(\sigma(t)) - v(\sigma(t))\| = M(\sigma(t)). \tag{6.2.2}$$

Si de plus $t = \sigma(t)$,

$$\langle \overline{x}(\sigma(t)) - v(\sigma(t)), \widetilde{x^{\Delta}}(t) - v^{\Delta}(t)\rangle = M(\sigma(t))M^{\Delta}(t), \tag{6.2.3}$$

et

$$\|\widetilde{x^{\Delta}}(t) - v^{\Delta}(t)\|^2 = \|\widehat{x^{\Delta}}(t) - v^{\Delta}(t)\|^2 + (M^{\Delta}(t))^2 - \frac{\langle x(t) - v(t), \widehat{x^{\Delta}}(t) - v^{\Delta}(t)\rangle^2}{\|x(t) - v(t)\|^2}. \tag{6.2.4}$$

Remarquons également que

$$\|\widetilde{y}(t)\| \leq 2K + \|v^\Delta(t)\| + |M^\Delta(t)| \quad (6.2.5)$$

et

$$\|\overline{x}(\sigma(t)) - v(\sigma(t))\| \leq M(\sigma(t)). \quad (6.2.6)$$

Puisque f est une fonction Δ-Carathéodory, par (6.2.5), (6.2.6) et par définition du tube-solution, on peut déduire l'existence d'une fonction $h \in L^1_\Delta(\mathbb{T}_0^{\kappa^2}, \mathbb{R}^n)$ telle que pour tous $x, y \in \mathbb{R}^n$,

$$\|g(t, x, y)\| \leq h(t), \quad \Delta\text{-p.p. } t \in \mathbb{T}_0^{\kappa^2}. \quad (6.2.7)$$

Afin de démontrer le théorème d'existence, nous aurons recours au problème modifié suivant.

$$\begin{aligned} & x^{\Delta\Delta}(t) - x(\sigma(t)) = g(t, x(\sigma(t)), x^\Delta(t)), \quad \Delta\text{-p.p. } t \in \mathbb{T}_0^{\kappa^2}, \\ & a_0 x(a) - x^\Delta(a) = x_0, a_1 x(b) + \gamma_1 x^\Delta(\rho(b)) = x_1. \end{aligned} \quad (6.2.8)$$

Définissons l'opérateur $N_g : C^1(\mathbb{T}, \mathbb{R}^n) \to C_0(\mathbb{T}^\kappa, \mathbb{R}^n) \cap W^{1,1}_\Delta(\mathbb{T}^\kappa, \mathbb{R}^n)$ par

$$N_g(x)(t) := \int_{[a,t) \cap \mathbb{T}} g(t, x(\sigma(s)), x^\Delta(s)) \Delta s.$$

Proposition 6.2.2. *Soit* $f : \mathbb{T}_0^{\kappa^2} \times \mathbb{R}^{2n} \to \mathbb{R}^n$, *une fonction Δ-Carathéodory. L'opérateur N_g défini ci-haut est continu et compact.*

DÉMONSTRATION. Soit $\{x_n\}_{n \in \mathbb{N}}$ une suite de $C^1(\mathbb{T}, \mathbb{R}^n)$ convergeant vers un élément $x \in C^1(\mathbb{T}, \mathbb{R}^n)$. Il faut montrer que la suite de fonctions $\{g_n\}_{n \in \mathbb{N}}$ telle que $g_n(s) := g(s, x_n(\sigma(s)), x_n^\Delta(s))$ converge vers la fonction g telle que

$g(s) := g(s, x(\sigma(s)), x^\Delta(s))$ dans $L^1_\Delta(\mathbb{T}_0^{\kappa^2}, \mathbb{R}^n)$. On peut aisément vérifier que $\overline{x}_n(t) \to \overline{x}(t)$. Si $t < \sigma(t)$, on peut vérifier que $\widehat{x^\Delta}_n(t) \to \widehat{x^\Delta}(t)$ et puisque f est Δ-Carathéodory, on a

$$f(s, \overline{x_n}(\sigma(s)), \widetilde{x_n^\Delta}(s)) \to f(s, \overline{x}(\sigma(s)), \widetilde{x}^\Delta(s)).$$

Il s'en suit que $g_n(s) \to g(s)$. D'autre part, Δ-p.p. sur $\{t \in \mathbb{T}_0^{\kappa^2} : t = \sigma(t), \|x(\sigma(t)) - v(\sigma(t))\| \neq M(\sigma(t))\}$, on peut vérifier que $\widetilde{x^\Delta}_n(t) \to \widetilde{x^\Delta}(t)$ et puisque f est Δ-Carathéodory, on a $f(s, \overline{x_n}(\sigma(s)), \widetilde{x_n^\Delta}(s)) \to f(s, \overline{x}(\sigma(s)), \widetilde{x}^\Delta(s))$ et donc, $g_n(s) \to g(s)$. Si $t \in S := \{t \in \mathbb{T}_0^{\kappa^2} : \|x(\sigma(t)) - v(\sigma(t))\| = M(\sigma(t)) > 0, t = \sigma(t)\}$, dans le cas où $\|x_n(\sigma(t)) - v(\sigma(t))\| \leq M(\sigma(t))$ sauf pour un nombre fini d'indices $n \in \mathbb{N}$, il est aussi facile de vérifier que $g_n(s) \to g(s)$ Δ-presque partout. Dans le cas où $\|x_{n_k}(\sigma(t)) - v(\sigma(t))\| > M(\sigma(t))$ pour une sous-suite $\{x_{n_k}\}_{k \in \mathbb{N}}$, la Proposition 2.3.17 nous assure que $\langle x(\sigma(t)) - v(\sigma(t)), x^\Delta(t) - v^\Delta(t) \rangle = M(\sigma(t)) M^\Delta(t)$ Δ-p.p. $t \in S$. Ainsi, Δ-p.p. sur $\{t \in S : \|x^\Delta(t) - v^\Delta(t)\| \geq K\}$,

$$M^\Delta(t) - \left\langle \frac{x(\sigma(t)) - v(\sigma(t))}{\|x(\sigma(t)) - v(\sigma(t))\|}, \widehat{x^\Delta}(t) - v^\Delta(t) \right\rangle$$
$$= M^\Delta(t) - \frac{K}{\|x^\Delta(t) - v^\Delta(t)\|} \left\langle \frac{x(\sigma(t)) - v(\sigma(t))}{\|x(\sigma(t)) - v(\sigma(t))\|}, x^\Delta(t) - v^\Delta(t) \right\rangle$$
$$= \left(1 - \frac{K}{\|x^\Delta(t) - v^\Delta(t)\|}\right) M^\Delta(t).$$

Il en résulte que Δ-p.p. sur S, $\widetilde{x^\Delta}_n(t) \to \widetilde{x^\Delta}(t)$ et puisque f est Δ-Carathéodory, on a $f(s, \overline{x_n}(\sigma(s)), \widetilde{x_n^\Delta}(s)) \to f(s, \overline{x}(\sigma(s)), \widetilde{x}^\Delta(s))$ et donc, $g_n(s) \to g(s)$.

Par (6.2.7), il existe une fonction $h \in L^1_\Delta(\mathbb{T}_0^{\kappa^2}, [0, \infty))$ telle que $\|g_n(s)\| \leq h(s)$ Δ-p.p. $s \in \mathbb{T}_0^{\kappa^2}$. Les hypothèses du Théorème 2.3.8 sont ainsi satisfaites et donc, $g_n \to g$ dans $L^1_\Delta(\mathbb{T}_0^{\kappa^2}, \mathbb{R}^n)$. Ceci vérifie la continuité.

Il reste maintenant à montrer que $N_g(C^1(\mathbb{T}, \mathbb{R}^n))$ est relativement compact dans $C_0(\mathbb{T}^\kappa, \mathbb{R}^n)$. Soit $\{y_n\}_{n \in \mathbb{N}}$ une suite de $N_g(C^1(\mathbb{T}, \mathbb{R}^n))$. Pour tout $n \in \mathbb{N}$, il existe un élément $x_n \in C^1(\mathbb{T}, \mathbb{R}^n)$ tel que $y_n = N_g(x_n)$. Par ce qui précède, on peut poser $N_g(x_n)(t) = \int_{[a,t) \cap \mathbb{T}} g_n(s) \Delta s$ et donc, il est clair que la suite $\{y_n\}_{n \in \mathbb{N}}$ est uniformément bornée et équicontinue. Par le théorème d'Arzela-Ascoli dont la preuve s'adapte aisément si l'espace considéré est $C_0(\mathbb{T}^\kappa, \mathbb{R}^n)$ au lieu de $C([a,b], \mathbb{R}^n)$, $\{y_n\}_{n \in \mathbb{N}}$ possède une sous-suite convergente et donc, $N_g(C^1(\mathbb{T}, \mathbb{R}^n))$ est relativement compact dans $C_0(\mathbb{T}^\kappa, \mathbb{R}^n)$. □

Lemme 6.2.3. *Pour toute solution x de (6.2.8), $x \in T(v, M)$.*

DÉMONSTRATION. Remarquons d'abord que nous avons déjà montré dans la preuve du Lemme 6.1.3 que Δ-p.p. sur l'ensemble $A = \{t \in \mathbb{T}_0^{\kappa^2} : \|x(\sigma(t)) - v(\sigma(t))\| > M(\sigma(t))\}$ on a que

$$(\|x(t) - v(t)\| - M(t))^{\Delta\Delta} \geq \frac{\langle x(\sigma(t)) - v(\sigma(t)), x^{\Delta\Delta}(t) - v^{\Delta\Delta}(t)\rangle}{\|x(\sigma(t)) - v(\sigma(t))\|} - M^{\Delta\Delta}(t) \quad (6.2.9)$$

Nous allons montrer que $\left(\|x(t) - v(t)\| - M(t)\right)^{\Delta\Delta} > 0$, Δ-p.p. sur A. Sur $\{t \in A : t < \sigma(t)\}$, par hypothèse du tube-solution et par (6.2.9), on a que

$$\left(\|x(t) - v(t)\| - M(t)\right)^{\Delta\Delta}$$
$$\geq \frac{\langle x(\sigma(t)) - v(\sigma(t)), g(t, x(\sigma(t)), x^\Delta(t)) + x(\sigma(t)) - v^{\Delta\Delta}(t)\rangle}{\|x(\sigma(t)) - v(\sigma(t))\|} - M^{\Delta\Delta}(t)$$
$$= \frac{\langle \overline{x}(\sigma(t)) - v(\sigma(t)), f(t, \overline{x}(\sigma(t)), \widetilde{x^\Delta}(t)) - v^{\Delta\Delta}(t)\rangle}{\|x(\sigma(t)) - v(\sigma(t))\|} - M^{\Delta\Delta}(t)$$
$$+ \left(1 - \frac{M(\sigma(t))}{\|x(\sigma(t)) - v(\sigma(t))\|}\right) M^{\Delta\Delta}(t) + (\|x(\sigma(t)) - v(\sigma(t))\| - M(\sigma(t)))$$
$$\geq \frac{M(\sigma(t)) M^{\Delta\Delta}(t)}{\|x(\sigma(t)) - v(\sigma(t))\|} + (\|x(\sigma(t)) - v(\sigma(t))\| - M(\sigma(t))) - \frac{M(\sigma(t)) M^{\Delta\Delta}(t)}{\|x(\sigma(t)) - v(\sigma(t))\|}$$
$$> 0.$$

D'autre part, par (6.2.4), la Remarque 2.4.9 et par hypothèse du tube-solution, on a Δ-p.p. dans $\{t \in A : t = \sigma(t)\}$ que

$$\left(\|x(t) - v(t)\| - M(t)\right)^{\Delta\Delta}$$
$$= \frac{\langle x(t) - v(t), x^{\Delta\Delta}(t) - v^{\Delta\Delta}(t)\rangle + \|x^{\Delta}(t) - v^{\Delta}(t)\|^2}{\|x(t) - v(t)\|}$$
$$- \frac{\langle x(t) - v(t), x^{\Delta}(t) - v^{\Delta}(t)\rangle^2}{\|x(t) - v(t)\|^3} - M^{\Delta\Delta}(t)$$
$$= \frac{\langle \overline{x}(\sigma(t)) - v(\sigma(t)), f(t, \overline{x}(\sigma(t)), \widetilde{x^{\Delta}}(t)) - v^{\Delta\Delta}(t)\rangle}{\|x(t) - v(t)\|} - M^{\Delta\Delta}(t)$$
$$+ (\|x(t) - v(t)\| - M(t)) + \frac{\|x^{\Delta}(t) - v^{\Delta}(t)\|^2}{\|x(t) - v(t)\|} - \frac{\langle x(t) - v(t), x^{\Delta}(t) - v^{\Delta}(t)\rangle^2}{\|x(t) - v(t)\|^3}$$
$$+ \left(1 - \frac{M(t)}{\|x(t) - v(t)\|}\right) M^{\Delta\Delta}(t)$$
$$= \frac{\langle \overline{x}(\sigma(t)) - v(\sigma(t)), f(t, \overline{x}(\sigma(t)), \widetilde{x^{\Delta}}(t)) - v^{\Delta\Delta}(t)\rangle + \|\widetilde{x^{\Delta}}(t) - v^{\Delta}(t)\|^2}{\|x(t) - v(t)\|}$$
$$+ (\|x(t) - v(t)\| - M(t)) + \frac{\|x^{\Delta}(t) - v^{\Delta}(t)\|^2}{\|x(t) - v(t)\|} - \frac{\langle x(t) - v(t), x^{\Delta}(t) - v^{\Delta}(t)\rangle^2}{\|x(t) - v(t)\|^3}$$
$$- \frac{M(t) M^{\Delta\Delta}(t)}{\|x(t) - v(t)\|} - \frac{\|\widetilde{x^{\Delta}}(t) - v^{\Delta}(t)\|^2}{\|x(t) - v(t)\|}$$
$$\geq \frac{M(t) M^{\Delta\Delta}(t) + (M^{\Delta}(t))^2}{\|x(t) - v(t)\|} + (\|x(t) - v(t)\| - M(t))$$
$$+ \frac{\|x^{\Delta}(t) - v^{\Delta}(t)\|^2}{\|x(t) - v(t)\|} - \frac{\langle x(t) - v(t), x^{\Delta}(t) - v^{\Delta}(t)\rangle^2}{\|x(t) - v(t)\|^3} - \frac{M(t) M^{\Delta\Delta}(t)}{\|x(t) - v(t)\|}$$
$$- \frac{\|\widetilde{x^{\Delta}}(t) - v^{\Delta}(t)\|^2}{\|x(t) - v(t)\|} - \frac{(M^{\Delta}(t))^2}{\|x(t) - v(t)\|} + \frac{\langle x(t) - v(t), \widetilde{x^{\Delta}}(t) - v^{\Delta}(t)\rangle^2}{\|x(t) - v(t)\|^3}$$
$$= (\|x(t) - v(t)\| - M(t)) + \frac{\|x^{\Delta}(t) - v^{\Delta}(t)\|^2 - \|\widetilde{x^{\Delta}}(t) - v^{\Delta}(t)\|^2}{\|x(t) - v(t)\|}$$
$$+ \frac{\langle x(t) - v(t), \widetilde{x^{\Delta}}(t) - v^{\Delta}(t)\rangle^2 - \langle x(t) - v(t), x^{\Delta}(t) - v^{\Delta}(t)\rangle^2}{\|x(t) - v(t)\|^3}$$
$$= \begin{cases} (\|x(t) - v(t)\| - M(t)) & \text{si } \|x^{\Delta}(t) - v^{\Delta}(t)\| \leq K, \\ (\|x(t) - v(t)\| - M(t)) \\ + \left(1 - \frac{K^2}{\|x^{\Delta}(t) - v^{\Delta}(t)\|^2}\right)\left(\|x^{\Delta}(t) - v^{\Delta}(t)\|^2 - \frac{\langle x(t) - v(t), x^{\Delta}(t) - v^{\Delta}(t)\rangle^2}{\|x(t) - v(t)\|^3}\right) & \text{sinon,} \end{cases}$$
$$> 0.$$

Ainsi, on a montré que $\left(\|x(t) - v(t)\| - M(t)\right)^{\Delta\Delta} > 0$, Δ-p.p. sur A. En posant $r(t) = \|x(t) - v(t)\| - M(t)$, il en résulte que $r^{\Delta\Delta}(t) > 0$ Δ-p.p. $t \in \{t \in \mathbb{T}_0^{\kappa^2} : r(\sigma(t)) > 0\}$. En utilisant le raisonnement de la preuve du Lemme 6.1.3, on peut montrer que $a_0 r(a) - r^{\Delta}(a) \leq 0$ et que $a_1 r(b) + \gamma_1 r^{\Delta}(\rho(b)) \leq 0$. Ainsi, les hypothèses du Lemme 2.7.3 sont satisfaites, ce qui démontre le résultat. $\square$

Nous pouvons maintenant démontrer le théorème d'existence.

Théorème 6.2.4. *Soit* $f : \mathbb{T}_0^{\kappa^2} \times \mathbb{R}^{2n} \to \mathbb{R}^n$ *une fonction* Δ-*Carathéodory. Si* $(v, M) \in W_{\Delta}^{2,1}(\mathbb{T}, \mathbb{R}^n) \times W_{\Delta}^{2,1}(\mathbb{T}, (0, \infty))$ *est un tube-solution de (6.2.1) et si l'hypothèse suivante est satisfaite,*

(H2) il existe des constantes $c, d > 0$ *telles que* $\|f(t, x, y)\| \leq c\|y\| + d$ *presque pour tout* $t \in \mathbb{T}_0^{\kappa^2}$ *et pour tout* $(x, y) \in \mathbb{R}^{2n}$ *tel que* $\|x - v(t)\| \leq M(t)$,

alors le problème (6.2.1) possède une solution $x \in W_{\Delta}^{2,1}(\mathbb{T}, \mathbb{R}^n) \cap T(v, M)$.

DÉMONSTRATION. Montrons d'abord que pour toute solution x de (6.2.8), il existe une constante $K > 0$ telle que $\|x^{\Delta}(t) - v^{\Delta}(t)\| \leq K$ pour tout $t \in \mathbb{T}^{\kappa}$. En vertu du Lemme 6.2.3, $x \in T(v, M)$ et puisque x vérifie la condition aux bords, $\|x^{\Delta}(a)\| = \|-x_0 + a_0 x(a)\| \leq \|x_0\| + a_0(M(a) + \|v(a)\|) = d_0$.

La Proposition 2.3.7, le Lemme 6.2.3 et $(H2)$ nous assurent que presque pour tout $t \in \mathbb{T}^\kappa$,

$$\|x^\Delta(t)\| \le d_0 + \int_{[a,t)\cap \mathbb{T}} \|x^{\Delta\Delta}(s)\|\Delta s$$

$$= d_0 + \int_{[a,t)\cap \mathbb{T}} \|f(s, x(\sigma(s)), \widetilde{x^\Delta}(s))\|\Delta s$$

$$\le d_0 + \int_{[a,t)\cap \mathbb{T}} (c\|\widetilde{x^\Delta}(s)\| + d)\Delta s$$

$$\le d_0 + \int_{[a,t)\cap \mathbb{T}} (c(\|\widetilde{x^\Delta}(s) - v^\Delta(s)\| + \|v^\Delta(s)\| + |M^\Delta(s)|) + d)\Delta s$$

$$\le d_0 + \int_{[a,t)\cap \mathbb{T}} (c(\|x^\Delta(s) - v^\Delta(s)\| + \|v^\Delta(s)\| + |M^\Delta(s)|) + d)\Delta s$$

$$\le d_0 + \int_{[a,t)\cap \mathbb{T}} (c(\|x^\Delta(s)\| + 2\|v^\Delta(s)\| + |M^\Delta(s)|) + d)\Delta s$$

$$\le d_1 + \int_{[a,t)\cap \mathbb{T}} c\|x^\Delta(s)\|\Delta s$$

où $d_1 := d_0 + \int_{[a,b)\cap \mathbb{T}}(c(2\|v^\Delta(s)\| + |M^\Delta(s)|) + d)\Delta s$.

En vertu du Corollaire 2.5.4, il en résulte que $\|x^\Delta(t)\| \le d_1 M$ où $M := \max_{t\in \mathbb{T}} e_c(t, a)$. Si on pose $K := d_1 M + \|v\|_0$, il est facile de vérifier par ce qui précède que pour toute solution de (6.2.8), $\|x^\Delta(t) - v^\Delta(t)\| \le K$ pour tout $t \in \mathbb{T}^\kappa$.

Soit K choisi comme ci-haut. Une solution de (6.2.8) sera un point fixe de l'opérateur

$$T = L^{-1} \circ N_g : C^1(\mathbb{T}, \mathbb{R}^n) \to C^1(\mathbb{T}, \mathbb{R}^n)$$

où L est défini en (2.6.13). Les Propostions 2.6.9 et 6.2.2 nous assurent de la compacité de T. Le théorème du point fixe de Schauder (Théorème 1.1.4) garantit l'existence d'un point fixe de T et donc, (6.2.8) possède une solution. Puisque pour toute solution de (6.2.8), $x \in T(v, M)$ et $\|x^\Delta(t) - v^\Delta(t)\| \le K$ pour tout $t \in \mathbb{T}^\kappa$, on déduit que si x est solution de (6.2.8), alors x est solution de (6.2.1). □

CONCLUSION

Dans cette thèse, nous avons voulu apporter notre contribution à la théorie d'existence de solutions pour des systèmes d'équations différentielles et d'équations aux échelles de temps par la méthode de la majoration a priori. Par nos résultats, nous avons voulu créér plusieurs ouvertures qui pouvaient démontrer qu'il est réaliste d'obtenir à moyen terme de nouveaux résultats tant pour des systèmes d'équations différentielles d'ordre trois et plus que pour les systèmes d'équations ou d'inclusions aux échelles de temps d'ordre un et deux où encore beaucoup reste à faire.

Dans un premier temps, nous avons voulu pour les systèmes d'équations différentielles démontrer qu'il était possible de réinvestir la notion de tube-solution introduite par Frigon [25] pour les systèmes d'ordre deux aux systèmes d'ordre trois. Il pourrait être intéressant de pousser davantage dans cette voie ultérieurement en s'attaquant à certains problèmes d'ordre quatre traités pour les équations dans la littérature. Cependant, une difficulté de taille persiste : trouver une notion de tube-solution adéquate qui nous permettra de résoudre des systèmes d'ordre trois et plus avec la condition périodique comme l'a fait Cabada [14] pour des équations en utilisant des notions de sous- et de sur-solutions.

Également, nous avons voulu montrer qu'il était possible d'obtenir des résultats d'existence pour les systèmes d'équations aux échelles de temps d'ordre un et deux.

Nous avons présenté au lecteur, dans le chapitre quatre, la façon de procéder pour obtenir de tels résultats lorsque le terme de droite de l'égalité est une fonction continue, mais nous aurions pu le faire directement pour une fonction Δ-Carathéodory comme au chapitre six. D'ailleurs nous n'avons trouvé dans la littérature aucun résultat d'existence pour des équations ou des systèmes d'équations aux échelles de temps d'ordre deux utilisant la fonction Δ-Carathéodory. Ainsi, nous avons également voulu créer une ouverture en ce sens. Dans des recherches futures, nous pourrions tenter d'étendre nos résultats à des conditions aux bords non-linéaires, types de conditions qui sont de plus en plus utilisées pour les systèmes d'équations et d'inclusions aux échelles de temps d'ordre un et deux. Il serait aussi intéressant d'obtenir des résultats de multiplicité pour des systèmes d'équations aux échelles de temps d'ordre deux. Des résultats de multiplicité existent déjà pour de telles équations notamment dans [**58**] où des paires de sous- et sur-solutions strictes sont utilisées. Ainsi, il nous semblerait à première vue naturel de réinvestir la notion de tube-solution strict introduite par Montoki dans sa thèse de doctorat [**46**] pour les systèmes d'équations aux échelles de temps d'ordre deux.

Remarquons également que les résultats d'existence de cette thèse ont été obtenus sur des intervalles ou des ensembles compacts. Ainsi, il pourrait être intéressant de tenter l'obtention de théorèmes d'existence pour des systèmes d'équations aux échelles de temps sur des intervalles semi-infinis. Un résultat d'existence obtenu sur un intervalle semi-infini pour des équations aux échelles de temps d'ordre deux à l'aide des sous- et des sur-solutions dans [**1**] nous laisse présager qu'une recherche dans cette voie pourrait être prometteuse. Nous pourrions aussi essayer éventuellement d'obtenir des résultats pour des équations aux échelles de temps dans un espace de Banach.

Nous avons aussi fait dans cette thèse une ouverture du côté des inclusions. En effet, nous avons montré au chapitre cinq qu'il est possible d'obtenir à l'aide d'un tube-solution des résultats d'existence pour un système d'inclusions aux échelles de temps du premier ordre dont le terme multivoque est une fonction semi-continue supérieurement par rapport à la deuxième variable. Nous pourrions ainsi obtenir le même genre de résultat pour des systèmes d'inclusions aux échelles de temps du deuxième ordre, résultat existant déjà pour le cas scalaire dans [**12**]. Cependant, l'obtention de résultats d'existence pour un système d'inclusions aux échelles de temps du premier ou deuxième ordre dont le terme multivoque est une fonction semi-continue inférieurement par rapport à la deuxième variable nous semble une tâche ardue. Dans le cas des systèmes d'inclusions différentielles, les résultats obtenus l'ont été grâce au théorème de sélection de Bressan-Colombo qui ne se transpose pas directement si l'espace mesuré a une mesure atomique comme c'est le cas avec la plupart des échelles de temps. Ainsi, obtenir des résultats dans cette voie demanderait d'abord un investissement considérable en théorie de la mesure pour obtenir un théorème de sélection analogue à celui de Bressan-Colombo fonctionnant pour tout type d'échelle de temps.

En nous attaquant aux systèmes d'équations aux échelles de temps dont le membre de droite dépend de la Δ-dérivée, nous avons voulu créer une autre ouverture dans une voie où il y a très peu de résultats. Ce problème est plus difficile car la plupart des hypothèses utilisées dans le cas différentiel classique pour majorer la dérivée de la solution demandent l'utilisation de la formule du changement de variable. Cette formule n'existe malheureusement pas dans une forme aussi jolie que la forme classique dans le cas où nous travaillons avec une échelle de temps quelconque, ce qui complique passablement les choses. Ainsi, l'obtention de nouveaux résultats dans cette voie sera un défi de taille ! En terminant, il serait aussi intéressant dans nos recherches futures de s'attaquer aux systèmes d'équations aux échelles de temps avec opérateur p-Laplacien.

BIBLIOGRAPHIE

[1] Agarwal, R. P., Bohner, M., O'Regan, D. *Time scale boundary value problem on infinite intervals. Dynamic equations on time scales.* J. Comput. Appl. Math. **141** (2002), no. 1-2, 27–34.

[2] Agarwal, R. P., O'Regan, D., Lakshmikantham, V., *Discrete second order inclusions*, J. Diff. Equ. Appl., **9** (2003), 879–885.

[3] Agarwal, R. P., Otero-Espinar, V., Perera, K., Vivero, D. R., *Basic properties of Sobolev's spaces on time scales.* Adv. Difference Equ. **2006**, Art. ID 38121, 14 pp.

[4] Akin, E., *Boundary value problems for a differential equation on a measure chain.* Panamer. Math. J. **10** (2000), no. 3, 17–30.

[5] Amster, P., Rogers, C., Tisdell, C. C., *Existence of solutions to boundary value problems for dynamic systems on time scales.* J. Math. Anal. Appl. **308** (2005), no. 2, 565–577.

[6] Atici, F.M., Biles, D.C., *First order dynamic inclusions on time scales.*, J. Math. Anal. Appl. **292** (2004), no. 1, 222–237.

[7] Atici, F.M., Cabada, A., Chyan, C.J., Kaymakçalan, B., *Nagumo type existence results for second-order nonlinear dynamic BVPS.*, Nonlinear Anal. **60** (2005), no. 2, 209–220.

[8] Aubin, J.P., Cellina, A., *Differential inclusions*, Springer-Verlag, Berlin, 1984.

[9] Bereanu, C., Mawhin, J., *Existence and multiplicity results for periodic solutions of nonlinear difference equations.* J. Difference Equ. Appl. **12** (2006), no. 7, 677–695.

[10] Bohner, M., Peterson, A., *Advances in dynamic equations on time scales.* Birkäuser, Boston, 2003.

[11] Bohner, M., Peterson, A., *Dynamic Equations on Time Scales : An Introduction with Applications.* Birkäuser, Boston, 2001.

[12] Bohner, M., Tisdell, C. C., *Second Order Dynamic Inclusions.*, J. Nonlinear Math. Phys. **12** (2005), suppl. 2, 36–45.

[13] Borisovich, Yu. G., Gel'man, B. D., Myshkis, A. D., Obukhovskii, V. V., *Multivalued mappings.* (Russe) Mathematical analysis, Vol. 19, pp. 127–230, 232, Akad. Nauk SSSR, Vsesoyuz. Inst. Nauchn. i Tekhn. Informatsii, Moscow, 1982; traduction anglaise : J. Soviet Math. **24** (1982), 719–791.

[14] Cabada, A., *The method of lower and upper solutions for third-order periodic boundary value problems.* J. Math. Anal. Appl. **195** (1995), no. 2, 568–589.

[15] Cabada, A., Vivero, D. R., *Criterions for absolute continuity on time scales.* J. Difference Equ. Appl. **11** (2005), no. 11, 1013–1028.

[16] Cabada, A., Vivero, D. R., *Expression of the Lebesgue Δ-integral on time scales as a usual Lebesgue integral : application to the calculus of Δ-antiderivatives.* Math. Comput. Modelling **43** (2006), no. 1-2, 194–207.

[17] Dai, Q., Tisdell, C. C., *Existence of solutions to first-order dynamic boundary value problems.* Int. J. Difference Equ. **1** (2006), no. 1, 1–17.

[18] Davidson, F. A., Rynne, B. P., *The formulation of second-order boundary value problems on time scales.* Adv. Difference Equ. **2006**, Art. ID 31430, 10 pp.

[19] Denkowski, Z., Migórski, S., Papageorgiou, N. S., *An introduction to nonlinear analysis : theory.* Kluwer Academic Publishers, Boston, 2003.

[20] Du,Z., Ge,W., Lin,X., *Existence of solutions for a class of third-order nonlinear boundary value problems.* J. Math. Anal. Appl. **294** (2004), no.1, 114-112.

[21] Erbe, L., Peterson, A. C., Tisdell, C. C. *Existence of Solutions to Second-order BVPs on Time Scales.* Appl. Anal. **84** (2005), no. 10, 1069–1078.

[22] Feng, Y., Liu, S., *Solvability of third order two-point boundary value problem.* Appl. Math. Lett. **18** (2005), no. 9, 1034–1040.

[23] Franco, D., O'Regan, D., Peran, J., *Upper and lower solution theory for first and second order difference equation.* Dynamic Systems and Appl. **18** (2004), no. 13, 273–282.

[24] Frigon, M., *Application de la théorie de la transversalité topologique à des problèmes non linéaires pour des équations différentielles ordinaires.* Dissertationes Math. (Rozprawy Mat.) **296** (1990), 75 pp.

[25] Frigon, M., *Boundary and periodic value problems for systems of nonlinear second order differential equations.* Topol. Methods Nonlinear Anal. **1** (1993), no. 2, 259–274.

[26] Frigon, M., *Boundary and periodic value problems for systems of differential equations under Bernstein-Nagumo growth condition.* Differential Integral Equations **8** (1995), no. 7, 1789–1804.

[27] Frigon, M., *Théorèmes d'existence de solutions d'inclusions différentielles.* Topological methods in differential equations and inclusions (Montreal, PQ, 1994), 51–87, NATO Adv. Sci. Inst. Ser. C Math. Phys. Sci., 472, Kluwer Acad. Publ., Dordrecht, 1995.

[28] Frigon, M., *Systems of first order differential inclusions with maximal monotone terms* Nonlinear Anal. **66** (2007), no. 9, 2064–2077.

[29] Frigon, M., Granas, A., Guennoun, Z., *Sur l'intervalle maximal d'existence de solutions pour des inclusions différentielles.* C. R. Acad. Sci. Paris Sér. I Math. **306** (1988), no. 18, 747–750.

[30] Frigon, M., Montoki, E. *Multiplicity results for systems of second order differential equations.* Nonlinear Stud. **15** (2008), no. 1, 71–92.

[31] Gnana Bhaskar, T. *Comparison theorem for a nonlinear boundary value problem on time scales. Dynamic equations on time scales.* J. Comput. Appl. Math. **141** (2002), no. 1-2, 117–122.

[32] Granas, A., Dugundji, J., *Fixed point theory*, Springer, New York, 2003.

[33] Granas, A., Guenther, R. B., Lee, J. W., *Some general existence principles in the Carathéodory theory of nonlinear differential systems.* J. Math. Pures Appl. (9) **70** (1991), no. 2, 153–196.

[34] Grossinho, M, Minhós, F., *Existence result for some third order separated boundary value problems.* Proceedings of the Third World Congress of Nonlinear Analysts, Part 4 (Catania, 2000). Nonlinear Anal. **47** (2001), no. 4, 2407–2418.

[35] Grossinho, M., Minhós, F., *Upper and lower solutions for higher order boundary value problems.* Nonlinear Stud. **12** (2005), no. 2, 165–176.

[36] Henderson, J., Peterson, A., Tisdell, C. C., *On the existence and uniqueness of solutions to boundary value problems on time scales.* Adv. Difference Equ. **2004**, no. 2, 93–109.

[37] Henderson, J., Tisdell, C. C., *Dynamic boundary value problems of the second-order : Bernstein-Nagumo conditions and solvability.* Nonlinear Anal. **67** (2007), no. 5, 1374–1386.

[38] Hilger, S., *Analysis on measure chain–A unified approach to continuous and discrete calculus,* Res. Math. **18** (1990) 18-56.

[39] C.J. Himmelberg, *Measurable relations*, Fundamenta Mathematica **87** (1975), 53–72.

[40] Karakostas, G. L., Tsamatos, P. C. *Nonlocal boundary vector value problems for ordinary differential systems of higher order.* Nonlinear Anal. **51** (2002), no. 8, 1421–1427.

[41] Kelley, W. G., Peterson, A. C., *Difference equations. An Introduction with Applications*, Academic Press, San Diego, 1991.

[42] Liu, B., *Existence and uniqueness of solutions for nonlocal boundary vector value problems of ordinary differential systems with higher order.* Comput. Math. Appl. **48** (2004), no. 5-6, 841–851.

[43] Ma, R., Luo, H., *Existence of solutions for a two-point boundary value problem on time scales.* Appl. Math. Comput. **150** (2004), no. 1, 139–147.

[44] Miao, S. *Boundary value problems for higher order nonlinear ordinary differential systems.* Tohoku Math. J. (2) **45** (1993), no. 2, 259–269.

[45] Mirandette, B., *Résultats d'existence pour des systèmes d'équations différentielles du premier ordre avec tube-solution*, Mémoire de maîtrise, Université de Montréal, 1996.

[46] Montoki, E., *Existence et multiplicité de solutions de systèmes d'équations et de systèmes d'inclusions différentielles avec opérateurs maximals monotones*, Thèse de doctorat, Université de Montréal, 2004.

[47] Natanson, I. P., *The Theory of Functions of Real Variable*, Ungar, New York, 1955.

[48] O'Regan, D., *Existence of solutions to third order boundary value problems.* Proc. Roy. Irish Acad. Sect. A **90** (1990), no. 2, 173–189.

[49] Peterson, A.C., Raffoul, Y.N., Tisdell, C. C., *Three point boundary value problems on Time Scales.* J. Difference Equ. Appl. **10** (2004), no. 9, 843–849.

[50] Picard, E., *Sur l'application des méthodes d'approximations successives à l'étude de certaines équations différentielles ordinaires*, J. de Math. **9** (1893), 217–271.

[51] Rachunková, I., *On a nonlinear problem for third-order differential equations.* Acta Univ. Palack. Olomuc. Fac. Rerum Natur. Math. **27** (1988), 225–249.

[52] Rusnák, J., *Constructions of lower and upper solutions for a nonlinear boundary value problem of the third order and their applications.* Math. Slovaca **40** (1990), no. 1, 101–110.

[53] Scorza Dragoni, G., *Il problema dei valori ai limiti studiato in grande per gli integrali di una equazione differenzile del secondo ordine.* Giornale Mat. (Battaglini) **69** (1931), 77–112.

[54] Senkyrík, M., *An existence theorem for a third-order three-point boundary value problem without growth restrictions.* Math. Slovaca **42** (1992), no. 4, 465–469.

[55] Stehlík, P., *Periodic boundary value problems on time scales.* Adv. Difference Equ. **2005**, no. 1, 81–92.

[56] Stehlík, P., *On lower and upper solutions without ordering on time scales.* Adv. Difference Equ. **2006**, Art. ID 73860, 12 pp.

[57] Tisdell, C. C., *On first-order discrete boundary value problems.*, J. Difference Equ. Appl. **12** (2006), no. 12, 1213–1223.

[58] Tisdell, C. C., Drábek, P., Henderson, J., *Multiple Solutions to Dynamic Equations on Time Scales.*, Comm. Appl. Nonlinear Anal. **11** (2004), no. 4, 25–42.

[59] Tisdell, C. C., Thompson, H. B., *On the Existence of Solutions to Boundary Value Problems on Time Scales.*, Dyn. Contin. Discrete Impuls. Syst. Ser. A Math. Anal. **12** (2005), no. 5, 595–606.

[60] Tisdell, C. C., Zaidi, A., *Basic qualitative and quantitative results for solutions to nonlinear, dynamic equations on time scales with an application to economic modelling.*, Nonlinear Analysis **68** (2008), no. 11, 3504–3524.

[61] Yao, Q., Feng, Y., *The existence of solutions for a third order two-point boundary value problem,* Appl. Math. Lett. **15** (2002) 227–232.

I want morebooks!

Buy your books fast and straightforward online - at one of the world's fastest growing online book stores! Environmentally sound due to Print-on-Demand technologies.

Buy your books online at
www.get-morebooks.com

Achetez vos livres en ligne, vite et bien, sur l'une des librairies en ligne les plus performantes au monde!
En protégeant nos ressources et notre environnement grâce à l'impression à la demande.

La librairie en ligne pour acheter plus vite
www.morebooks.fr

OmniScriptum Marketing DEU GmbH
Heinrich-Böcking-Str. 6-8
D - 66121 Saarbrücken   Telefax: +49 681 93 81 567-9   info@omniscriptum.de
                                                                   www.omniscriptum.de

Printed by Books on Demand GmbH, Norderstedt / Germany